# 琥 珀 鉴 赏

杨惇杰◎著

中国轻工业出版社

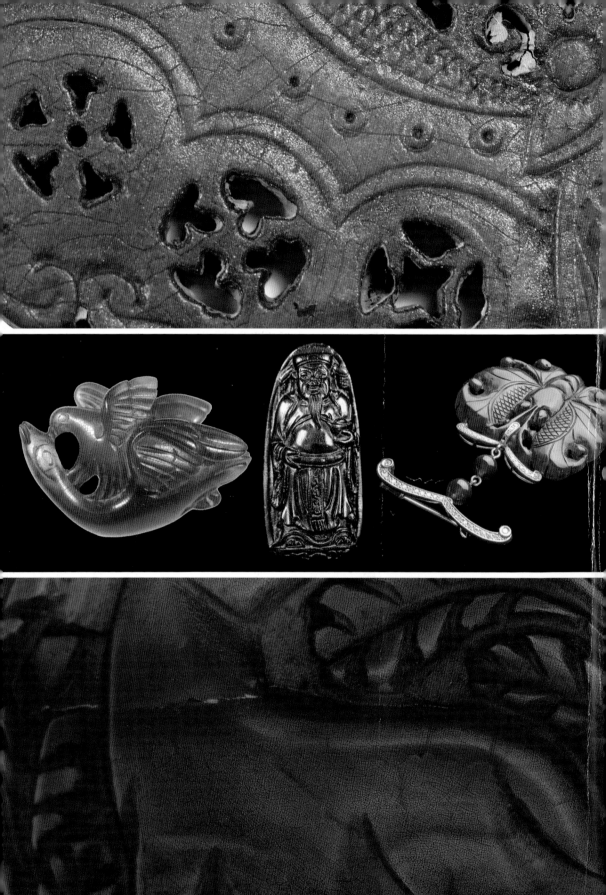

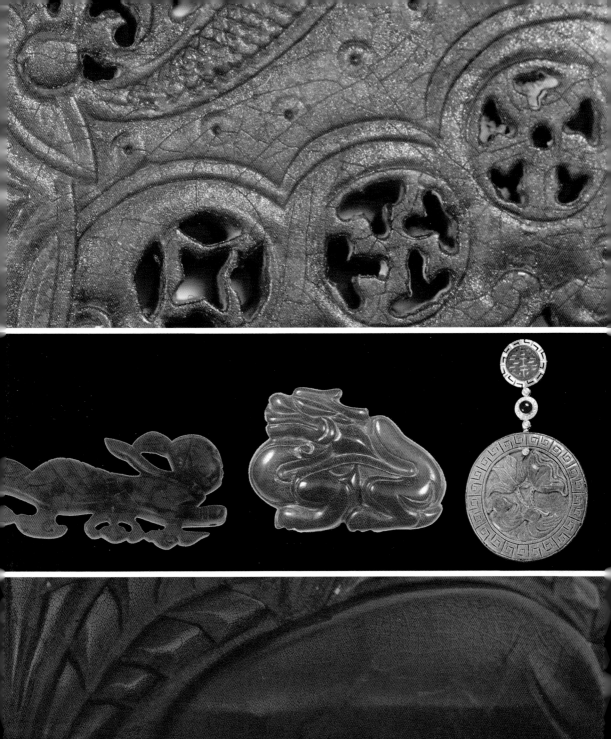

# 目 录

## 绪 论

太平有象琥珀鼻烟壶

辽金神人乘龙琥珀挂件

# 穿越时空话琥珀

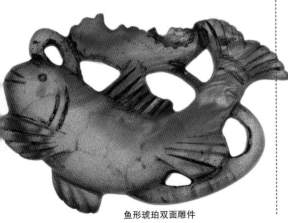

鱼形琥珀双面雕件

明代双龙献寿蜜蜡带板

清代琥珀兽印钮

辽金高官厚禄琥珀卧鹿圆雕

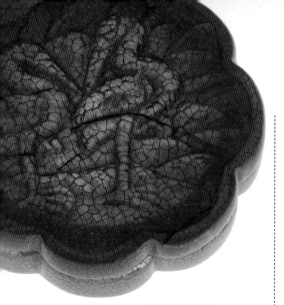

明代和合蜜蜡宝盒

明代芍药琥珀帽花

# 绪　　论

# 琥珀形制的辨别

琥珀质地透亮、轻盈灵巧，最常被用来作为佩饰用器。佩饰多是佩带在身上的饰物，可缝于衣物上、穿戴在身上或头上，也可挂在胸前或腰际。在古代，琥珀被称为"遗玉"，通常被归为玉一系，有人称之为"璧"（意思是黑色美玉），因此在谈到琥珀形制时，我们必须先从玉器的形制来探究。

礼书《周官》中，对于玉器的器形用制有相当详尽的记载，诸侯朝见天子时所用的"六瑞"，与祭祀天地四方所用的"六器"，据悉是最早期的玉器形制。

## 六瑞：玉做成的器物，用于封官拜爵

封建时代讲究君臣礼制，所谓的"六瑞"，是指镇圭、桓圭、信圭、躬圭、谷璧与蒲璧，为各级爵位的信物。爵位以天子为首，其下分有公、侯、伯、子、男共六等爵位，天子和公、侯、伯的地位最高，所持的瑞器是"圭"；子和男的爵位较低，所持的瑞器为

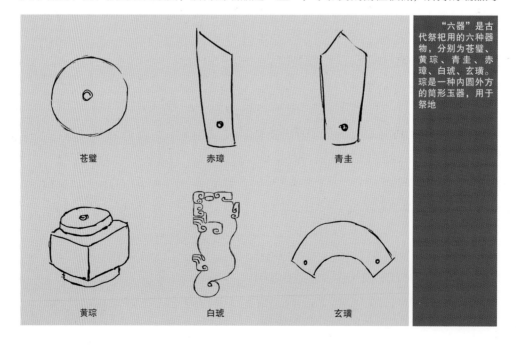

苍璧

赤璋

青圭

黄琮

白琥

玄璜

"六器"是古代祭祀用的六种器物，分别为苍璧、黄琮、青圭、赤璋、白琥、玄璜。琮是一种内圆外方的筒形玉器，用于祭地

"璧"。镇圭、桓圭、信圭、躬圭分别由天子、公爵、侯爵、伯爵所执，圭的形制大致相同，以尺寸长短来区分尊卑。例如天子所用的镇圭，长度一尺二寸；公爵所用的桓圭，长度为九寸。按《周官·冬官考工记》所载："玉人之事：镇圭尺有二寸，天子守之；命圭（天子赐予王公大臣的玉圭）九寸，谓之桓圭，公守之；命圭七寸，谓之信圭，侯守之；命圭五寸，谓之躬圭，伯守之。"而谷璧和蒲璧则由子爵和男爵所掌，形制则以纹饰来区分：谷璧两面琢谷纹（密集的凸起小圆点，点上带小尾巴，像谷粒刚发芽之状），蒲璧琢蒲纹（由三种不同方向的并行线纹交织而成）。

## 六器：祭祀天地四方的六种礼器，形制、色泽根据五行之说

至于"六器"，则是指祭祀用的六种器物，分别为苍璧、黄琮、青圭、赤璋、白琥、玄璜。《周官·春官大宗伯》记载："以玉作六器，以礼天地四方：以苍璧礼天，以黄琮礼地，以青圭礼东方，以赤璋礼南方，以白琥礼西方，以玄璜礼北方。"苍璧、黄琮用于祭祀天地，青圭、赤璋、白琥、玄璜则是用来礼祭东西南北四方。苍苍者天，苍璧就是用青玉制成的玉璧；黄土在下，黄琮则以黄玉制成。古人对于天地的认知，就是"天圆地方"，因此祭天时，必须用圆形器物，因而产生了璧的形制。而方形的琮，自然就成为祭地的用器，其他四方所取的颜色和器形，则是根据五行之说加以变化。

由六瑞和六器这些基本器形，所衍生出的各种形形色色的形制，让中国的传统工艺自成一套与文化相互融合的形制系统，影响甚为深远。

"璧"为圆饼形，中有一穿孔，同属圆形玉器的还有瑗、环、玦，这三者都是璧的衍生形。至于玉璧、玉瑗、玉环的划分，则是由中心圆孔的大小来决定，据《尔雅·释器》记载："肉（器体）倍好（穿孔）谓之璧，好倍肉谓之瑗，肉好若一谓之环。"
"肉"是指周围的边，而"好"是指当中的孔，若边为孔径的两倍就是璧，孔径较大者是瑗，孔径与边相等者是环；而瑗边有一缺口者，则称为玦。

除了作为礼器外，璧的主要用途是当作馈赠用的礼物，书信中所用的敬词"璧谢"，

意思便是送还所赠物品并致谢意。环是装饰用器，作为手环或服装上的饰物；瑗原来是兵器，后来演变为装饰器；玦可作为符节器（用于证明身份的信物）、腰间饰物和耳饰。据《荀子·大略》所述："聘人以珪，问士以璧，召人以瑗，绝人以玦，反绝以环。"意思是说当君主派遣使节出使时，会赐予珪作为信物，璧用来向名士垂询意见，召见下属时则用瑗，而玦是用来断绝君臣关系，尔后若君主又想重新起用被贬谪的臣属，则会用环来表达心意。古人在情感上的深沉内敛，从用器的讲究就可见一斑。

　　"觿"是佩饰器的起源之一，起初是用兽牙、鸟骨之类的材质制成，古代研究《诗经》的著作《毛诗故训传》记载："觿所以解结，成人之佩也。"觿是古代一种用来解结

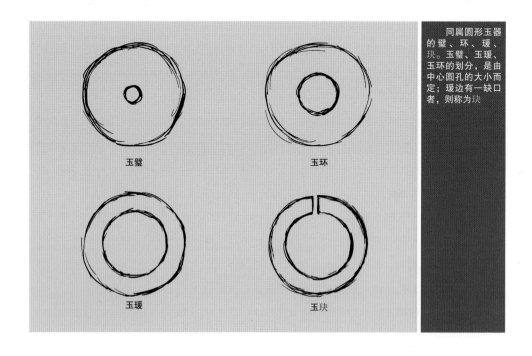

玉璧　　　　　　　玉环

玉瑗　　　　　　　玉玦

同属圆形玉器的璧、环、瑗、玦。玉璧、玉瑗、玉环的划分，是由中心圆孔的大小而定；瑗边有一缺口者，则称为玦

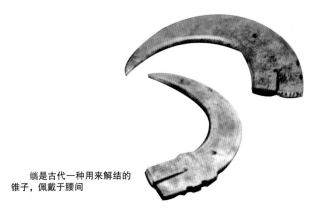

觿是古代一种用来解结的锥子，佩戴于腰间

的锥子，腰间佩觿，代表已经成年。"勒子"也是原始的佩饰器之一，最早是以兽牙或骨管制成，有圆柱形、扁圆柱形、束腰形、橄榄形等，挂于胸前或腰间。

## 琥珀用器形制大观

在中国，有关琥珀用器的文字记录始于汉代，据传汉成帝的皇后赵飞燕，长年使用琥珀为枕，《西京杂记》中有段记载："赵飞燕为皇后，其女弟在昭阳殿遗飞燕书曰：'今日嘉辰，贵姊懋膺洪册，谨上襚三十五条，以陈踊跃之心。金华紫轮帽、金华紫轮面衣、织成上襦、织成下裳、五色文绶、鸳鸯襦、鸳鸯被、鸳鸯褥、金错绣裆、七宝綦履、五色文玉环、同心七宝钗、黄金步摇、合欢圆珰、琥珀枕、龟文枕、珊瑚玦、马瑙彄、云母扇、孔雀扇、翠羽扇、九华扇、五明扇、云母屏风、琉璃屏风、五层金博山香炉、回风扇、椰叶席、同心梅、含枝李、青木香、沉水香、香螺卮、九真雄麝香、七枝灯。'"除了文中的琥珀枕外，琥珀雕刻而成的瑞兽、琥珀佩饰、琥珀盒子，都曾见于文献典籍中；此外，汉代陵墓中也曾出土过以琥珀制成的印钮，其中一枚琥珀狮钮闲章，长宽约2厘米，印文刻有"贵无骄、富无奢、传后世、永保家"，十分难得。

"翁仲"、"刚卯"和"司南"属于佩饰器，在汉代被称为"辟邪三宝"。"翁仲"原为人名，姓阮，秦代安南（现今越南）人，由于身材魁武、骁勇善战，秦始皇便派他镇守边疆，多次击退外族侵犯，威震匈奴。在他死后，秦始皇感念其功，便下诏以铜铸翁仲之像，置于咸阳宫的司马门外，驱邪避凶。尔后所发展出的人形佩饰，如各种神佛或童子佩饰，都是源自于翁仲的形制。

"刚卯"为一长柱四方体，柱中有孔，可穿绳，四面刻有驱鬼愕疫等文字，由于在正月卯日制作，因此称为刚卯。《后汉书·舆服志》中记载："正月刚卯既决，灵殳四方，赤青白黄，四色是当。帝令祝融，以教夔龙，庶疫刚瘅，莫我敢当。"一些刻有诗文或吉祥文的牌片佩饰，都是由刚卯的形制演变而来。

"司南"又称指南，也就是指引方向的指南针，延伸其寓意，司南佩也有指引人生方向的含意，在汉代十分流行，被誉为汉代三宝之一。标准的汉代司南佩长约一寸，腰有凹身，凹身以双孔对穿，中刻一如意，下雕一圆盘，形制十分特殊。据东汉思想家王充的《论衡·是应篇》记载："司南之杓，投之于地，其柢指南。""杓"是勺子，"地"指中央光滑的地盘，"柢"指勺的长柄。做成勺子式样的司南，放置在坚硬光滑的"地盘"上，长柄会自动指向南方。司南佩上方有一勺子，下方有一盘子，中间有一阴线区分为南北二区域，佩带司南佩，表示出入四方皆为吉位。后世常见的工字佩，便是由司南佩所衍生出的特殊形制。

到了南北朝时代，琥珀的形制更为多变，除了饰品广受喜爱以外，琥珀也开始被用来制成日常用品，但因材料珍稀，造价十分昂贵。据《南史》记载，齐国君主东昏侯萧宝卷（499-501年），曾为宠妃潘玉儿打造一支九鸾琥珀钗，价格竟超过170万金，令人咋舌；又六朝南朝宋《宋书·武帝纪下》记载："宁州尝献虎魄（琥珀）枕，光色甚丽。时将北征，以虎魄治金创，上大悦，命捣碎以付诸将。"可见琥珀在当时即被视为荣耀与地位的象征。

琥珀的特殊色泽，常用来形容美酒的甘醇芳美，唐代诗人李白在《客中行》一诗有言："兰陵美酒郁金香，玉碗盛来琥珀光。但使主人能醉客，不知何处是他乡。"中国自古流传的夜光杯传说，据信便是以琥珀制成的饮酒杯具，如王翰的《凉州词》便道："葡萄美酒夜光杯，欲饮琵琶马上催。醉卧沙场君莫笑，古来征战几人回。""夜光杯"一词最早见于西汉东方朔的《海内十洲记》中："周穆王时，西胡献昆吾割玉刀及夜光常满杯。刀长一尺，杯受三升，刀切玉如切泥，杯是白玉之精，光明夜照。暝夕，出杯于中庭，以向天，比明而水汁已满于杯中也，汁甘而香美，斯实灵人之器。"其中描述夜光常满杯的特质，与琥珀极为类似。有趣的是，西方考古学家也曾在英国东萨塞克斯郡（East Sussex）的一处古墓穴中发现一只琥珀杯Hove amber cup，以整块血珀雕刻而成，抛光精良，年代相当于中国的西周时期。唐代佛教盛行，琥珀又属于七宝之一，以琥珀制作的佛像或佛塔相当常见，法门寺的地宫中也曾出土两件琥珀瑞兽圆雕，应为当

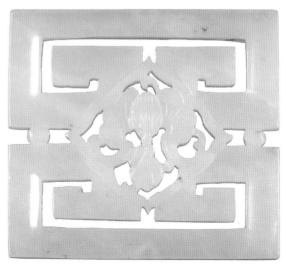

由司南佩衍生出来的工字佩

时礼佛用的供品。

辽金时期是中国琥珀艺术发展最蓬勃的年代，由于西方琥珀之路的开通，让波罗的海一带的琥珀得以传入中亚，而辽代国力强盛，西方诸国每年都会派使臣进贡各种珍贵材料，其中便包括琥珀。据《契丹国志》卷二十一记载："高昌国、龟兹国、于阗国、大食国、小食国、甘州、沙州、凉州，以上诸国三年一次遣使，约四百余人，至契丹贡献玉、珠、犀、乳香、琥珀、玛瑙器。"契丹人爱用金器，更爱用琥珀，史学家认为，这与契丹人信奉佛教有关。

翁仲、刚卯及司南属于佩饰器，在汉代被称为"辟邪三宝"。此为翁仲造型

司南佩长约一寸，腰有凹身，是一种用来指示南北方向的指南器

刚卯是古人用作辟邪的饰物，四面都刻有辟邪文字

在辽代的陈国公主墓中，曾挖掘出两千余件琥珀佩饰，其中最令人瞩目的，便是公主与驸马身上所佩戴的琥珀璎珞。公主所佩的璎珞，外围是由257颗琥珀珠、5件螭龙雕件及2件瑞兽雕件以细金线串制而成，内圈则由60颗琥珀珠搭配7件小型浮雕及1件鸡心佩、1件管状器串制而成。除了琥珀璎珞，公主的耳环也是由琥珀搭配珍珠制成；而公主和驸马的手中各握有一件琥珀握手，公主的握手上雕有双凤纹，驸马的握手则是螭龙纹，有大权在握的含意。墓中还有许多不同纹饰的琥珀小盒，雕有双鱼纹、鸳鸯纹、雁形纹等，将琥珀的工艺发挥得淋漓尽致，不但数量庞大，做工更是细致华美，质和量皆属空前绝后，令观

英国琥珀杯

琥珀花叶小瓶

中式琥珀杯

者赞叹不已。

　　由于云南丽江、辽宁抚顺一带的琥珀矿脉相继开采，明清时期的琥珀制品用途更为广泛，除了服饰佩件和赏玩器物外，琥珀也被运用于鼻烟壶、杯盘、瓶碗、炉鼎及文房用具上，清宫的造办处更用琥珀制成朝珠、扳指和斋戒牌等佩饰，作为皇室及官员间赠礼之用。随着朝代更迭，琥珀形制与时俱进，以温润的材质特性与绮丽炫目的色彩掳获无数藏家的心。

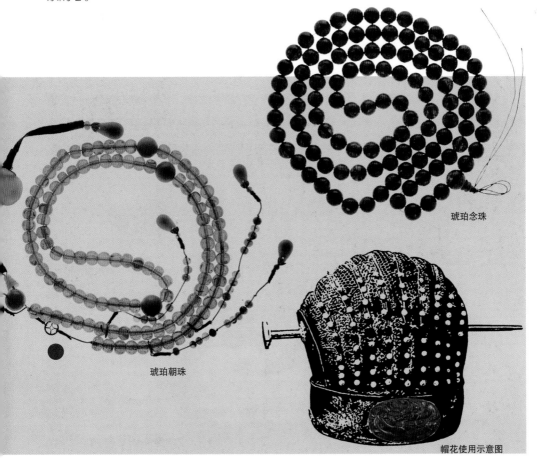

琥珀念珠

琥珀朝珠

帽花使用示意图

# 琥珀纹饰的历史演变

　　纹饰和形制，就如同骨与肉般密不可分。形制着重器物的实用性，而工匠透过纹饰所展现出来的艺术感及文化性，则让器物由单纯的日常用品，提升至充满故事性的艺术典藏。中国的纹饰艺术，可说是一部最完整的文化史书，记载着五千年来历史的点点滴滴，从战、汉（战国时代至两汉）天人合一的思想、唐代的绝色风华、宋代的俊秀挺拔、辽金元的自然豪迈，到明清的豪奢浮夸，器物上的纹饰，比任何朝代的史官更为公正，忠实地记录着各个时期的风土民情。正因如此，掌握各时期的纹饰特色，是鉴别器物年代最为关键的凭据。

## 由大自然的纹饰转化为信仰性的纹饰

　　早在新石器时代的遗址中，中国就曾发现琥珀材质的饰品。从夏商周三代，一直到战、汉时期，器物上的纹饰都相当简单。在这天地玄黄的洪荒时代，人类必须与严苛的

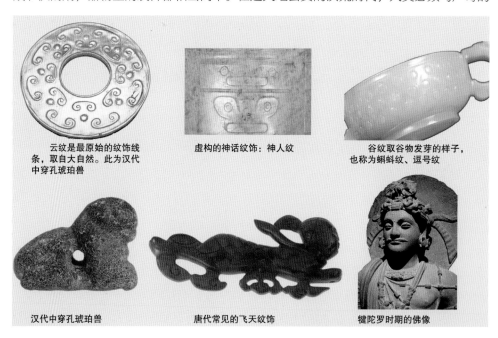

云纹是最原始的纹饰线条，取自大自然。此为汉代中穿孔琥珀兽

虚构的神话纹饰：神人纹

谷纹取谷物发芽的样子，也称为蝌蚪纹、逗号纹

汉代中穿孔琥珀兽

唐代常见的飞天纹饰

犍陀罗时期的佛像

自然环境搏斗，求得三餐温饱，生活的艰困让人类体会到自然的伟大，温暖的太阳主宰了日夜交替、四季更迭，使万物生生不息，正因如此，"天"抽象的概念成了人类敬畏的对象。

这时期的纹饰主题，多半是以简单的几何线条表现出人类眼中的大自然，如云纹、谷纹等纹饰。困顿的环境需要坚定的信仰作为依靠，因此由"天"的抽象概念逐渐转化为"神"的具体意象，成为最原始的宗教概念，如此而有了神人纹、兽纹、龙纹、凤纹等虚构的神话纹饰。

## 中西合璧的唐代纹饰

唐代国力强盛，在全世界占有举足轻重的霸主地位，当时的工艺技术，也达到前所未有的辉煌成就。就纹饰部分，讲究的是丰腴华美之貌，落落大方，一如代表富贵万代的盛开牡丹，毫不矫揉造作。由于对外贸易活跃频繁，再加上佛教盛行，此时期的纹饰风格亦带有些许的西方色彩，融合印度、波斯、希腊三种元素而成的犍陀罗（Gandhara）艺术，随着大乘佛教一同传入中国，鼻梁高挺、五官深邃、外貌如希腊人的神佛塑像，自始流传至今；胡人、飞天等外来纹饰在当时亦相当常见；属于西方波斯与拜占庭风格的葡萄藤，与中国的瑞兽结合而成的特色纹饰也十分流行。

此种中西合璧的特殊纹饰，透过佛教的传递传布至日本和东南亚等地，对后世的工艺风格影响极为深远。

## 风格写实、构图严谨朴质的宋代纹饰

宋代崇尚义理之学，"存天理，去人欲"为程朱理学的主轴，集合了儒家的伦常观念、道家的自然无为、佛家的清心寡欲。宋代的艺术风格展现出前所未有的淡雅简约，相较于隋唐时期的开放，宋代民风更显保守而内敛，纹饰风格较为写实，构图严谨而朴质。

此外，宋代的典籍中关于琥珀的记载也较以往更为详尽，北宋写实诗人梅尧臣的《尹子渐归华产茯苓若人形者赋以赠行》一诗，除了描述琥珀的外观，更对其生成原因及科学特性多有描述："因归话茯苓，久著桐君籍。成形得人物，具体存标格。神岳畜粹和，寒松化膏液。外凝石棱紫，内蕴琼腴白。千载忽旦暮，一朝成琥珀。既莹毫芒分，不与蚊蚋隔。拾芥曾未难，为器期增饰。至珍行处稀，美价定多益。"此为文学史籍中首见的虫入琥珀记载，"琥珀拾芥"一词，也指出了琥珀本身带有静电效应的科学记录。

## 游牧生活衍生的特殊辽金纹饰

辽金时期，可谓是琥珀工艺的金色年代，当家做主的契丹和女真皆属游牧民族，草原文化的特色强烈，尊天敬地、崇尚自然，是辽金固有的文化底蕴。辽人对汉文化十分推崇，从唐代开始，契丹与中原汉族接触频繁，辽太祖耶律阿保机统一契丹八部后，仿效中原王朝建立了典章制度，创造出契丹文字，学孔习孟，吸收了汉文化的精髓，再与自身原有的文化相互交融后，形成了特殊的辽金风格纹饰。

"四时捺钵"是辽代的特殊制度，依时序分为春水、坐夏、秋山、坐冬，代表"春水"的鹘啄天鹅纹，和象征"秋山"的山林猎兽纹，是此时期最具代表性的纹饰风格。源自于唐代佛教艺术的飞天、摩羯鱼、螭龙纹、凤纹、花鸟纹，也常见于此时期的作品

北京故宫典藏：辽金春水秋山玉牌

"鹘啄天鹅"是辽金时期最具代表性的纹饰风格之一

除了"春水""秋山"等代表游牧生活的特殊纹饰外，源自前朝的神鸟瑞兽也是辽金琥珀造型经常取材的对象

中。在工艺上，镂雕、浅浮雕、巧雕等技法纯熟精练，线条刚柔并济，刀法遒劲沉稳，纹饰中体现的充沛生命力，带着野性与自然的深刻意蕴，在中国工艺史上留下不可磨灭的精采篇章。

## 讲求吉祥寓意的明清纹饰

明清时期的琥珀形制种类繁多，纹饰部分则运用各种图案组合或谐音变化，讲求寓意吉祥。举例来说，蝙蝠代表福从天降，灵芝取其长寿健康，花鸟意谓喜上眉梢，瓜果则称多子多孙，而各式各样的民间传说，例如八仙报喜、麻姑献寿、岁寒三友、和合二仙、刘海戏金蟾、马上封侯、太狮少狮、羲之爱鹅等典故传说，也都融入纹饰之中。历经数千年的累积，吉祥纹饰以耳濡目染的方式代代相传，内容广泛且丰富，形式更是多彩多姿。纹饰的艺术发展至此，不仅在形象上追求尽善尽美，更要能满足人类内心企盼平安幸福、富贵昌盛的渴望。

纹饰的鉴赏，不但是辨别古物年代的金玉良方，更是珍贵的无形资产，见证千百年来中国的文化演变，诉说着一件又一件的历史轶事。

刘海戏金蟾是民间神话，有"刘海戏金蟾，一步一吐钱"之说，也用于琥珀造型，寓意财源广进

麻姑献寿图也是琥珀常见的吉祥纹饰

马上封侯玉器取吉祥寓意

# 悠游琥珀文化

琥珀，在其瑰丽洁净的透明外表下，包裹着存续千万年的美丽与深情；透着光，她的色彩诡谲多变，时而灿若丹霞，时而色如渥丹，详加端视，一不留意便坠入幻梦，如同置身浩瀚无垠的璀璨银河中，为之目眩，心神着迷。

琥珀的魅力无远弗届，跨越了时间、地域、种族，掳获了人类的心神。琥珀的英文名为Amber，源自于古拉丁文中的Ambrum（精髓），另有一说是来自于阿拉伯文的Anbar（海上漂流物）。希腊神话

《法厄同坠落太阳车》。法厄同是太阳神阿波罗的儿子，因无法驾驭太阳车而造成世间许多灾难，后被宙斯用闪电击死，从车上坠落

中，阿波罗的儿子法厄同（Phaeton）因无法驾驭太阳车而失控，被宙斯用闪电击死，其妹因悲伤过度，在岸边化为一株白杨树，而她的眼泪落入水中后便成了晶莹的琥珀；北欧传说中，海神之女因遗失了心爱的项链而伤心落泪，洒在海面上的泪珠变成了一串串珍贵的琥珀，这也是安徒生童话中"美人鱼"的发想起源。在这些凄美故事的点缀之下，使得琥珀在西方文化中备受宠爱。

波罗的海沿岸是琥珀的发源地及重要产区之一。图为沿海捞捕琥珀的渔民

## 琥珀与欧洲

北欧的波罗的海沿岸是琥珀的发源地之一，至今也仍是琥珀的重要产区。琥珀是中生代白垩纪至新生代第三纪松柏科植物的树脂，经地质变动而产生石化作用所形成的有机混合物。四千万年前，波罗的海曾经是一片茂密的原始森林，树木在枯死后层层堆砌掩埋，其所分

泌的丰富树脂，经过数千万年的压力及地热作用，形成了丰富的琥珀矿源。尔后因地壳变动，原来的大片森林变成了海洋，而沉积于底部的琥珀原矿，在海浪的冲刷之下逐渐漂流至岸边。当时的渔民在捕捞海藻和渔获时，发现了这种光彩夺目的矿石，进而成为一种特殊的海上采矿产业。

　　直至13世纪初十字军东征时期，琥珀的开采遭到管制，所有的矿产必须上缴，严禁私下买卖。自此之后，琥珀便成为皇室贵族专用的珍贵宝石。欧洲人对琥珀的需求与日俱增，但因欧洲中部的阿尔卑斯山脉层层阻隔，无法大量运送琥珀，因此商人将波罗的海所购得的琥珀向南经过波西米亚，贯穿了欧洲大陆，运送至地中海地区，打通了北欧和地中海区域的通路，这条极为重要的商道被称为"琥珀之路"。此后更向东发展，连接了另一条重要商道"丝绸之路"，将琥珀等珍贵矿产传至波斯、印度和中国等地，促进了欧亚大陆密集频繁的商业往来。

　　北欧人相信，佩戴琥珀能趋吉避凶，同时更具有强身健体的功效，琥珀的饰品因而在欧洲贵族间蔚为流行，其中最为豪奢的，莫过于俄罗斯凯瑟琳宫（Catherine Palace）内的琥珀宫。

　　琥珀宫始建于1709年，最早是德国王室的财宝，当时的普鲁士王国经济发达，国家昌盛，原本只有侯爵头衔的腓特烈一世（Friedrich I）在1701年时为自己加冕，成为普鲁士第一代国王。为了仿效法皇路易十四的豪奢生活，腓特烈一世号令普鲁士最有名的建筑师，使用在当时比黄金价格贵上十二倍、俗称"北方之金"的琥珀原料，并以钻石、黄金和各式珠宝点缀，兴建一座琥珀宫殿。琥珀宫的总面积不大，约52平方米，但由于质地易脆，加工难度极高，耗费了近十年的时间才完工，所用的琥珀、黄金和宝石总重量超过6吨，其奢华程度闻所未闻。当宫内的565根蜡烛同时点燃后，琥珀宫就如同黄金般灿烂夺目，满室生辉，可谓名副其实的金碧辉煌。

　　18世纪中叶，欧洲内陆战祸连年，普鲁士与俄国结为盟友，为表两国深厚情谊，当时的国王威廉一世便将琥珀宫赠送给沙皇彼得大帝，从此，这座价值连城的琥珀宫殿便长存

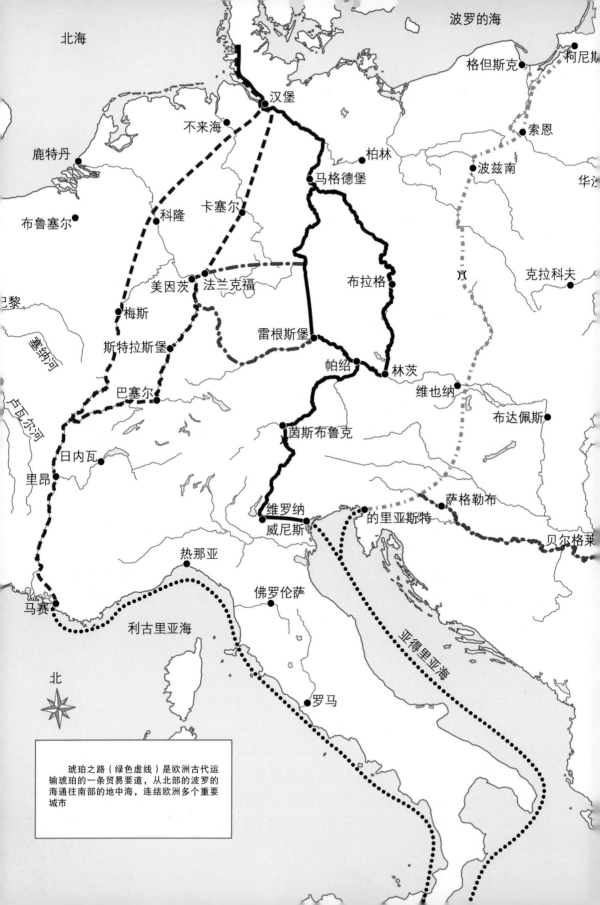

北海

波罗的海

格但斯克

柯尼斯

汉堡

不来海

柏林

索恩

鹿特丹

波兹南

华沙

布鲁塞尔

科隆

卡塞尔

马格德堡

美因茨

法兰克福

布拉格

克拉科夫

巴黎

梅斯

塞纳河

斯特拉斯堡

雷根斯堡

帕绍

林茨

巴塞尔

维也纳

卢瓦尔河

茵斯布鲁克

布达佩斯

日内瓦

里昂

萨格勒布

维罗纳

的里亚斯特

贝尔格莱

威尼斯

热那亚

佛罗伦萨

亚得里亚海

马赛

利古里亚海

北

罗马

琥珀之路（绿色虚线）是欧洲古代运
输琥珀的一条贸易要道，从北部的波罗的
海通往南部的地中海，连结欧洲多个重要
城市

琥珀宫始建于1709年，1979年由苏联
政府重建，位于凯瑟琳宫内

欧式琥珀雕件。玫瑰部分为优化琥
珀，硬度、透度较佳；中央雾状为加热凝
聚的琥珀酸

于凯瑟琳宫内。直到1941年纳粹入侵苏联，位处市郊的凯瑟琳宫遭德军攻占，纳粹士兵们将琥珀宫整座拆卸下来，装满27个大铁箱运回了德国的柯尼斯堡（Konisberg），但是二次大战结束后，这27个铁箱却离奇消失了。

1979年，苏联政府号召五十余位一流雕刻家重建凯瑟琳宫内的琥珀宫，依照残存的文献记录及大批照片，投入巨额资金，历经24年的精雕细琢方才完成，造价超过了2.5亿美元，而其背后的历史价值与意义，更是金钱难以衡量的。

## 琥珀与中国文化

中国人爱琥珀，它是止血疗伤的上品良药、皇家御用的进贡珍宝，也是礼佛用的佛教七宝之一。由于本身的特殊光彩，加上原料珍贵稀少，取得不易，中国古代对于琥珀这种瑰丽的宝石产生许多附会与传说，为琥珀增添了一份神秘的气息。

早期文献多将"琥珀"写成"虎魄"，明代李时珍于《本草纲目》记载："虎死目光坠地化为白石。"这块白石就是指琥珀。古人相信，生物都有阴阳两气，阳为魂、阴为魄，魂魄生则聚，死即散，死后魂升归天，魄降于地。然而光彩绚丽的琥珀是如何与猛虎产生联想的？虎生性凶猛，阳盛刚强，虎皮、虎骨、虎血、虎爪都被视为上等药材，而由于虎的夜视能力强，传说能一目放光、一目看物，遭猎杀时，炯炯目光在暗夜中随着虎身倒下，就如同坠入地面，猎人杀虎后试着挖掘虎身下的土地，却挖出了原本就埋藏在地底下的琥珀矿石，便将其视为虎的精魄，以讹传讹下，才产生中国人对于"虎魄"的误解。

　　除了"虎魄"外，古书中对琥珀还有许多不同的称谓。《山海经·南山经》记载："丽之水出焉，而西流注于海，其中多育沛，佩之无瘕疾。"其中的"育沛"便是琥珀。

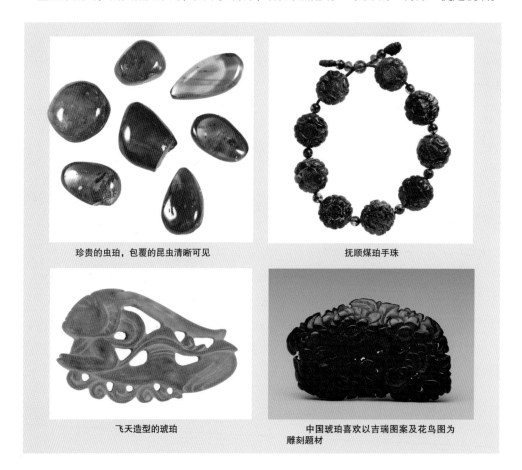

珍贵的虫珀，包覆的昆虫清晰可见

抚顺煤珀手珠

飞天造型的琥珀

中国琥珀喜欢以吉瑞图案及花鸟图为雕刻题材

东汉王充《论衡·乱龙篇》有一段描述："顿牟掇芥，磁石引针，皆以其真是，不假他类。"文中提到的"顿牟"也是指琥珀。另外，古人视为黑色美玉的"瑿"，或被称为"遗玉"者，都是琥珀别称。

正名后的"琥珀"，最早见于汉代典籍中，西汉初年陆贾的《新语·道基》记载："琥珀、珊瑚、翠羽、珠玉，山生水藏，择地而居。"东晋常璩撰写的《华阳国志·南中志》记载："永昌郡地出光珠、琥珀、翡翠、水精、琉璃。"《后汉书·西南夷列传》也提到："哀牢出水精、光珠、琥珀、琉璃、翡翠。"而西晋时期，张华在《博物志》里对琥珀的形成有着较为贴切事实的描述："松柏脂入地，千年化为茯苓，茯苓化为琥珀。"唐代田园派诗人韦应物的《咏琥珀》一诗："曾为老茯神，本是寒松液。蚊蚋落其中，千年犹可觌。"对包覆着昆虫的虫珀，也有了初步的认识。

《全唐文》中曾收录一篇《琥碧拾芥赋》，对琥珀的记载和描述应为古书典籍中最为翔实者："天地之根，孰知其源，忽而化化，尔存存。琥珀拾芥，凤形精蔓，物之冥会，出乎意外。于是气以冥合，物由化造。础因云以积润，燧取火而就燥。伊琥珀之为珠，亦凤形而吸草。既璀错以琼艳，又荧煌而金藻。尔乃探其至赜，持其自然，手与心惬，视与目全。美宝擢色以临矣，飞芒乘虚而附焉。此见机而作，间不可省。彼因感而应，道不可传。故能异质吻合，殊途元通，播形的，透影玲珑。似乎月含桂以贞明，泉泛箨而映净，云发彩于虹玉，竹乘阴于鹊镜。"

随着时代变迁，人类对琥珀的喜爱丝毫未减，琥珀除了作为美丽的饰品外，也是稀有的中药良材，现代的化工原料也少不了它；而其中的虫珀，更是昆虫分类学及演化研究上最珍贵的资源。琥珀不仅是大自然万年的恩惠，也承载着人类数千年的历史与文化，在琳琅满目的宝石矿物里，琥珀的特殊光华令它独树一帜，耀眼夺目。

# **琥珀**作品赏析

## 幸福人生

**材质:** 清代罕见红色琥珀蝴蝶、黄K金、白钻、红玛瑙。

**雕件:** 清代红色琥珀(又称血珀)蝴蝶雕件,工艺拙朴简约,长40厘米,宽35厘米。

**设计理念:** 配合蝴蝶雕工,上方特以黄K金、白钻镶嵌成两对蝴蝶双翼,中间则以一对红玛瑙圆珠相连,代表比翼双飞、幸福美满。

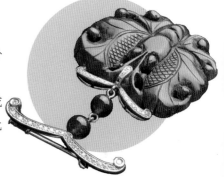

## 佛光福泽

**材质:** 清代蜜腊佛像、黄K金、白钻、红宝、蓝宝、翠玉。

**雕件:** 清代蜜腊佛像雕件,面相慈悲威严,雕工典雅,为罕见作品。长54厘米,宽38厘米。

**设计理念:** 配合蜜腊佛像雕件,四周特以黄K金、白钻、红宝、蓝宝、翠玉镶嵌出背光,象征佛光普照。下方则顺其形制,以黄K金、白钻、翠玉镶嵌成佛座。整件作品庄严沉稳,庇佑佩戴者合家平安、幸福。

## 招财进宝

**材质:** 清代琥珀微雕、黄K金、白钻、翠玉。

**雕件:** 清代琥珀微雕财神爷,笑逐颜开,手执元宝,雕工精细。长5.5厘米,宽2.5厘米,厚1.2厘米。

**设计理念:** 本微雕原件仅以黄K金、翠玉在上方镶嵌成双面钱纹图腾,象征迎神纳福、招财进宝之意。

## 鹣鲽情深

**材质：** 清代圆形蜜蜡牌、黄K金、白钻、红翡、囍字翠玉圆雕。

**雕件：** 清代圆形蜜蜡牌，外围雕有吉祥如意纹饰，内侧微雕荷叶及一对鸳鸯，雕件精美。直径5.6厘米。

**设计理念：** 本件蜜蜡牌描绘的是荷塘上鸳鸯戏水怡然自得的喜庆景象，顺其原雕的吉祥如意纹饰，上方以黄K金、囍字翠玉牌镶嵌同一图腾，其下则以红翡、白钻镶嵌成象征团圆的图饰串连。整件作品不仅保有蜜蜡牌原有的沉静美好韵致，更在鹣鲽情深的款款情意外，添加了吉祥如意、喜气洋洋等世人对祥瑞的永恒企望。

## 福寿双全

**材质：** 清代福寿双全蜜蜡牌、黄K金、白钻、红玛瑙、小翠玉环。

**雕件：** 清代蜜蜡牌主雕寿字，四周及中间雕有成对蝙蝠（福），下方雕有双钱（全）纹饰。长5.5厘米，宽4.5厘米。

**设计理念：** 顺其象征福寿双全蜜蜡牌雕件，上方另以黄K金、红玛瑙镶嵌成蝙蝠，连接以黄K金、小翠玉环镶嵌钱纹。寿是五福之首；而"蝠"取谐音"福"，有"福在眼前，绵绵不绝"的含意。整件作品呈现出"福寿双全"的象征，还多了一份喜气与贵气。

# 琥珀的真伪鉴定

## 要分辨琥珀的真伪，必须先了解琥珀的特性和成因

琥珀是中生代白垩纪至新生代第三纪松柏科植物所分泌的树脂，经地质作用沉积压缩，深埋在地层内数千万年，原有的松香树脂失去了挥发成分，并聚合、固化而形成了化石般的琥珀矿脉。在宝石学的分类中，琥珀属于有机矿物，由碳、氢、氧三种元素以不同比例组成，有时还会含有少量的硫化氢。琥珀的化学式为$C_{10}H_{16}O$，主要成分是琥

坊间形形色色的真伪琥珀制品，肉眼难辨

珀酸、琥珀脂醇和琥珀油。琥珀为非晶体质，摩氏硬度介于2~2.5，密度为1.05~1.1克/厘米$^3$，折射率约1.54，常见颜色为浅黄、黄至深褐色、橙色、红色，光泽油亮，呈透明或半透明，质地轻脆，裂口为贝壳状，无解理，熔点约在150℃。

## 辨别真伪琥珀的方法：盐水密度法

盐水密度法：用相对密度1.18的盐水测试，伪琥珀会沉入水中，真琥珀会浮在水面，立刻就能清楚辨别真伪

利用物理化学特性，检验琥珀矿质最简单的方式便是盐水密度法，以盐与水1:4的比例调配盐水，也就是每100毫升的水添加14克的盐。天然琥珀的密度在1.05~1.1克/厘米$^3$，可浮于盐水上；而坊间常见的仿制琥珀材料，如塑料和胶木（Bakelite，人造树脂），密度则介于1.25~1.55克/厘米$^3$，会沉入盐水中。

有些人会以琥珀香气来鉴别真伪，其实琥珀生成历经数千万年，表层已呈

化石状态，原有的香气早该消散殆尽，即使残留，也只有淡淡清香，若表面香味浓重者，必定是经过涂抹或泡制于松香油中。利用指甲油的去光水（乙醚）的化学特性，也是简易测试琥珀真伪的方法之一，由于乙醚挥发性强，在真琥珀的表面沾抹少许去光水，因挥发速率大于化学作用效率，真琥珀不会因化学反应而产生腐蚀痕迹，但树脂的反应速率很快，很容易就在表面产生腐蚀性斑痕。

　　另外，有些人会以直火烧熔来测试琥珀的真伪，笔者并不建议此种破坏性的测试方法。事实上，燃烧后会产生香气的，可能是真琥珀，但也有可能是柯巴脂或松香树脂，甚至是浸泡过松香油的塑料琥珀。万不得已，建议可用烧红的热针来做破坏度最轻微的测试，真琥珀以热针探测，最多只能刺入表面，难以深入内部，针头拔出后亦不会产生黏稠的丝状物，其气味应是淡淡的松香味；相反的，若是树脂制品，热针很容易就刺入内部，并产生黏稠感，气味会略带焦味，而塑料或硝化纤维塑料（赛璐珞）制品，则会产生樟脑味或刺鼻的化学气味。

　　由此可见，了解琥珀的物理和化学特性，是辨别真伪的首要步骤，但即使符合科学上该有的特性，是否代表这就是真的琥珀？这个答案必须从何谓"真伪"谈起。事实上，即使在成分上属于所谓的

压缩琥珀是由细小的琥珀碎块添加黏着剂后经加热加压制成，常被用来制成仿冒的虫珀。左图为真虫珀，右图为伪造的虫珀

优化琥珀内部会产生莲叶状裂纹

**重新压制融合的压缩琥珀**

"真琥珀"，也有三种不同的材料等级之分：

**天然琥珀：**真琥珀等级最高者，是由琥珀原矿直接雕琢、抛光而成。

**优化琥珀：**由天然琥珀经过人工优化，在符合出产国所规定的加工标准下，进行热处理或加压处理，以提高其硬度及透明度。此种优化琥珀在波罗的海一带相当常见，由于硬度和透明度都比原始的琥珀更佳，常被用来制作成串珠或手镯，在欧洲市场上的价格，曾经一度凌驾于天然琥珀之上。在优化的加工过程中，加热加压过的琥珀经过长时间自然冷却后，会产生出透明度极佳的优化琥珀，而若是在加热加压后急速冷却，优化过后的琥珀内部常有显而易见的圆盘状或莲叶状裂纹，也就是坊间常见的琥珀爆花。

**压缩琥珀：**这是真琥珀中价值最低者，是由细小的琥珀碎块添加黏着剂后，经加热加压制成。常被用来制成仿冒的虫珀，或是添加荧光剂制成非天然的蓝珀、绿珀。

## 几可乱真的伪琥珀——柯巴脂

在伪琥珀中，性质最接近琥珀的，是一种成分也属于天然树脂的柯巴脂（Copal）。柯巴脂的成因与琥珀极为相似，但因埋藏于地层中的年代不足（通常都低于300万年），在未经足够的地壳压力及地热处理下，树脂并未转化为化石状态，因此不能称之为琥珀。由于熔点较低，在接触空气后，柯巴脂更容易受到环境影响而产生风化作用，带有类似冰裂效果的细纹，但仅见于表层，与琥珀的冰裂深入内部有所不同。

因为与琥珀有相似的生成过程，柯巴脂中也常见包覆着昆虫或花草等内容物的现象，但其内部所含的昆虫多为常见的现代品种，价值与真正历经千万年而成的虫珀相距甚远。不过柯巴脂虽非琥珀，却仍具一定的经济价值。早在哥伦布时代，中南美洲一带的原住民就拿柯巴脂当作祭祀仪式中焚烧祭拜的香料，其英文名Copal，便是来自于古纳瓦特语

柯巴脂的颜色多呈淡黄
色泽，比起琥珀更为通透

合成树脂雕件

琥珀手镯

（Nahuatl Language）中的"香"（Copalli）。现代工业也常利用柯巴脂为原料，用来生产油毡、清漆和墨水等产品。

辨别柯巴脂和琥珀的方法很多，目测是最简单的一种。在外观上，柯巴脂较为通透，颜色多呈淡黄色，而琥珀的内含物较高，颜色则偏橘黄。

## 人工仿制琥珀的材料———胶木

人工仿制琥珀的传统材料胶木，最早出现于1907年，是由比利时裔科学家贝克兰（Leo Bakeland）在一次化学实验中，将苯酚和甲醛溶合反应后制出的酚醛树脂。他万万没料到，这种无意间发明的原料，竟深远地影响了往后的人类历史，这也就是现今充斥于各个工业领域，俗称为"塑料"的原型材料。由于胶木的可塑性极高，加工甚为方便，并可添加不同染剂改变成色，除了被用来作为仿制琥珀的材料之外，也经常被用于仿制象牙制品。

虽说是仿品，与现代塑料不同的是，胶木经由佩戴或把玩，质地会更显温润感，并散发出淡淡的特殊香气；而随着年代的演进，以胶木制成的首饰，在国际拍卖会中也被视为古董首饰类的一种品项，具有一定的收藏价值。1985年，在费城的一场拍卖会中，便有一款古董胶木首饰以1.7万美金的天价卖出。

## 人工塑料仿制品

至于最劣质的琥珀仿制品，则是由塑料、压克力等人工塑料粗制而成。早期的塑料仿品，外观光洁无瑕，与琥珀温润的光泽结构大相径庭，摩擦后还会散发出塑料的臭味；质量差者，更带有气泡状的内容物，甚至还能看出模具相扣的接合线，经由仔细观察，应能轻易分辨真伪。然而科技日新月异，琥珀矿源更是日益稀少，越来越多难以分辨的人工仿品充斥于市面，让有心想接触琥珀的新手藏家们防不胜防。

笔者建议，入门者要切记八字箴言："先求真，再求老与精。"此乃收藏的不二法

硝化纤维塑料(赛璐珞)合成琥珀

有清晰裂纹的真蜜蜡珠

塑料制蜜蜡珠

蜜蜡菩萨

门。琥珀"求真"的方法单纯，透过文字便能简单传授，前文亦多有着墨，至于"求老""求精"，就端看个人的修行深浅了。

此外，坊间常有"千年琥珀，万年蜜蜡"的说法，以年代来区分琥珀与蜜蜡，但实际情况并非如此。琥珀与蜜蜡的化学成分和生成年代完全相同，都是历经千万年地质作用所产生的树脂化石，而所谓的蜜蜡，就是树脂中的琥珀酸含量较高，琥珀酸所形成的雾状结晶满布于矿石内，使蜜蜡呈现不透明的外观。事实上，无论是琥珀或蜜蜡，内部都具有琥珀酸的成分，差别只在于含量多寡：含量少的，透明度自然较高；含量多的，就会变得混浊不透明。因此，所谓的"千年琥珀，万年蜜蜡"，只是某些商家为了增添蜜蜡的身价所提出的谬误说法而已。

收藏是一堂学无止境的课，相较于文字上的理论探讨，这堂课的实务经验累积更为重要。读者要谨记，收藏有"三不"：不急着购买、不贪小便宜、不杂乱无章地滥收一通；而收藏也有"三多"：多看博物馆藏品、多阅读相关历史典籍，以及有机会多上手盘玩实际真品。依循着这"三不"和"三多"的原则，久而久之，鉴别能力必能大幅提升，这就如同琥珀的生成须经千万年的孕育淬炼，不能速成，此心法单靠文字的叙述无法言表，须由实际的经验累积，达到一定程度后方可意会。笔者已浸淫其中十数载，仍觉自身不足，略懂皮毛，还需努力精进，与各位藏家同好共勉之。

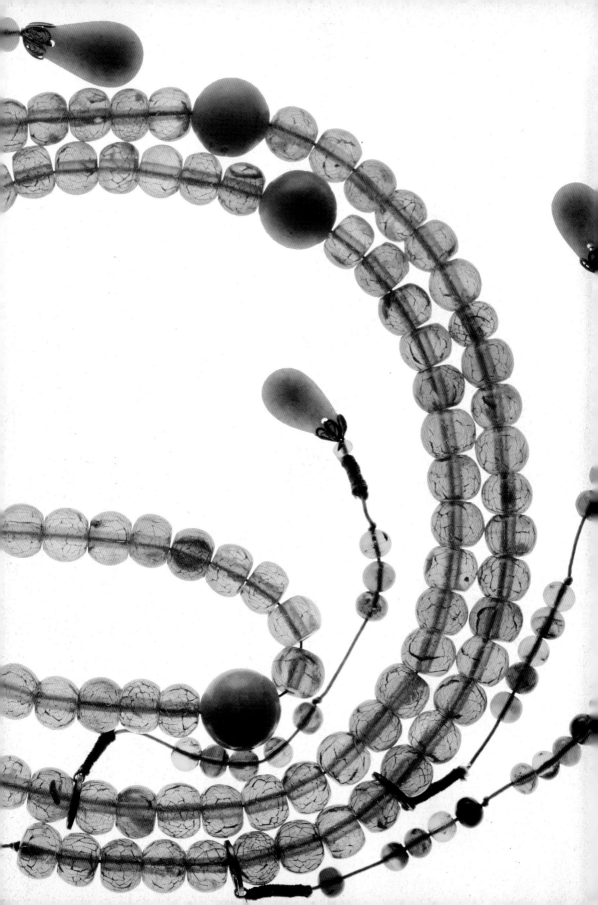

# 穿越时空话琥珀

横跨千年的琥珀珍藏，风华一次展露。以下精选100多件珍品，从汉朝到民国初年，年代跨越千百年，除了赏玩琥珀原有的风貌，也展现中国历代工匠精湛的琥珀工艺，从讲究的做工与雕工上，还可看出每个朝代所钟情的造型与独特的品味。除了内文的相关介绍，每件作品的尺寸都另有清楚标示。

# 辽金琥珀螭龙纹璎珞握手

长度/58mm　宽度/44mm　厚度/18mm　重量/22g

　　璎珞的起源据信是印度等南亚一带，又称为缨络、华鬘。在佛教尚未盛行前，璎珞是印度贵族使用的长串挂件饰品，据《妙法莲华经》记载："金、银、琉璃、砗磲、玛瑙、真珠、玫瑰七宝合成众华璎珞。"其主要材质为珍珠、宝石、琥珀和贵重金属，为世间众宝集合而成，有光明无量的含意，《法华经·普门品》有言："解颈众宝珠璎珞，价值百千两金而以与之。"随着佛教盛行，璎珞于唐代传入中国，成为王公贵族身上的华美颈饰。

　　此件作品为整串璎珞的其中一个部件，雕有辽金特色的螭龙纹，皮壳完整自然，由此可窥见辽金时期工艺的独到特色。

# 海东青琥珀圆雕

长度/57mm　宽度/20mm　高度/38mm　重量/12g

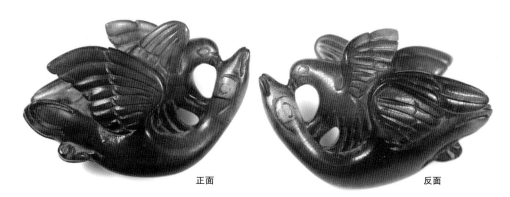

正面　　　　　　　　　　　　反面

　　海东青是传说中的灵禽，带有神秘的边疆民族色彩，在中国历史上，这种带有神奇色彩的猎鹰还曾挑起女真和契丹两族的仇恨，最终更导致了辽代的灭亡。辽代末年，天祚帝（耶律延禧，1075-1128年）好狩猎，在当时的女真境内，也就是俄罗斯东部地区的大海里产有一种大如弹丸的珍珠，深受契丹人喜爱。每年十月此种蚌类成熟时，海边常结冰数尺之深，无法靠人力凿冰取珠，当地有种天鹅专以此种蚌类为食，而海东青正是捕捉这种天鹅的能手。天祚帝为了捕鹅取珠，常年向女真部族索取神鸟海东青进贡，女真人不堪其扰而起兵反抗，终使辽国灭亡。

　　海东青身长不足二尺，却能狩猎天鹅这种大型猎物，速度如雷鸣闪电，力量如千钧击石，女真族称之为"雄库鲁"，意思就是世界上飞得最快最高的鸟，有"鹰神"的含意。海东青深受古代帝王喜爱，而清朝皇室本属女真一族后裔，对海东青更是推崇有加，为满族人最崇高的图腾象征，代表勇敢、坚忍、正直。康熙皇帝还曾为海东青的刚猛坚毅题诗赞叹："羽虫三百有六十，神俊最数海东青。性秉金灵含火德，异材上映瑶光星。"

　　本件海东青琥珀圆雕，线条利落朴实，刻工自然而不矫作，为典型的辽金风格佳作。

# 清代老银镶嵌蜜蜡鼻烟壶

长度/69mm　宽度/38mm　厚度/22mm　重量/71g

　　一般人通常会将鼻烟和鸦片混为一谈，其实是错误的观念。鼻烟起源自美洲大陆，是印第安人的特殊习俗，后由哥伦布带回欧洲，于17世纪最为兴盛流行。至于中国人抽鼻烟的历史，可以追溯自明穆宗（1537－1572年）隆庆年间，由意大利传教士利玛窦进贡给皇帝，当时称之为"士那乎"；一直到雍正年间，才正名为"鼻烟"。

　　由于是从宫中开始流行，鼻烟价格十分昂贵，也因此，工匠们才会费心创作出许多不同材质工艺的鼻烟壶，用来珍藏鼻烟。

# 清代佛手瓜形琥珀鼻烟壶

长度/68mm　宽度/52mm　厚度/34mm　重量/73g

　　鼻烟的制作工艺十分考究，使用的主原料是一种晾晒过的优质烟草，经过发酵磨碎后，再加入麝香等名贵中药材，以及花卉提炼出来的天然香精，一起调和成粉状烟末。烟味一般分为膻、糊、酸、豆、苦等五种，使用时以手指蘸少许鼻烟粉吸入鼻中，有醒脑提神、通窍避疫的作用。

　　论鼻烟壶的艺术成就，可谓集中国所有工艺之大成，由于鼻烟的珍贵稀有，其装盛的容器鼻烟壶，自然成为达官贵族们争奇斗艳、夸豪显富的奢侈用品。

# 民初双瓶铺首蜜蜡鼻烟壶

长度/46mm　宽度/42mm　厚度/18mm　重量/52g

　　雍正、乾隆时期，鼻烟壶的珍贵材质和精湛技艺达到了历史的高峰，除了竹木牙角和玉器外，金属、料器、琥珀、陶瓷、水晶、石材、骨、贝等各种材质，都可作为鼻烟壶的材料。在工艺上，鼻烟壶的制作更包含了雕刻、书画、镶嵌、焊接、内绘、锻造、点翠、珐琅、掏膛等各种技术，甚至是传统的刺绣工艺，也被运用于鼻烟壶袋的制作上。小小的烟壶上，可以看见中国五千年工艺历史和文化底蕴。

# 清代梅竹纹琥珀鼻烟壶

长度/70mm　宽度/52mm　厚度/20mm　重量/28g

　　自古以来，竹子俊秀挺拔的形意神韵深植人心，骚人墨客咏竹、画竹、用竹、赏竹，视竹为友，乐与为伴，竹子成为雅俗共赏的共同语汇。而竹子独特的生长习性，常被用来形容正人君子的高尚风骨：竹根稳固，象征意志坚定；竹身挺立，象征正直无私；竹中空心，象征虚心谦冲；竹身有节，象征品德贞节；竹叶飘逸，象征脱俗潇洒；竹枝柔而不折，象征刚柔并济。

　　白居易曾在《养竹记》一文自述："竹似贤，何哉？竹本固，固以树德。君子见其本，则思善建不拔者。竹性直，直以立身。君子见其性，则思中立不倚者。竹心空，空似体道。君子见其心，则思应用虚受者。竹节贞，贞以立志。君子见其节，则思砥砺名行，夷险一致者。夫如是，故君子人多树之为庭实焉。"北宋文豪苏东坡爱竹至甚，常以竹为文抒写心性，他有《于潜僧绿筠轩》诗："可使食无肉，不可居无竹。无肉使人瘦，无竹令人俗。"苏东坡的表哥文同，则是史上最著名的画竹名家。

　　文同（1018-1079年）字与可，自号笑笑先生，他所画的墨竹独具一格，以深墨竹叶为面，淡漠骨干为背，竹形俊秀洒脱，栩栩如生。苏东坡在《文与可画筼筜谷偃竹记》中盛赞文同："故画竹，必先得成竹于胸中，执笔熟视，乃见其所欲画者，急起从之，振笔直遂，以追其所见，如兔起鹘落，少纵则逝矣。"时人将此种画风称为"湖州画派"，文同也因此被冠上"文湖州"的雅号；而成竹于胸，也就是成语"胸有成竹"的由来。

　　此件鼻烟壶纹饰雕工简单，壶身器形雅致，颇具古意。

# 太平有象琥珀鼻烟壶

长度/81mm　宽度/38mm　厚度/24mm　重量/37g

在中国历代君王中，只要文治武功受到肯定，每逢太平盛世时，南方番国往往会贡奉象牙，甚至馈赠这种巨无霸型的动物。因此在中华文化中，大象是和平及太平盛世的象征。

明清两代的玉器中，象形玉器颇多：有圆雕，供放手中把玩或作挂饰；也有被雕饰为如意上的嵌件，甚至雕成大件摆饰。一般作为摆件的象饰，背上驮有一瓶，瓶谐音"平"，寓意平安、和平。此瓶大都仿战国之青铜器，而在象的身上则披有一条盛装璎珞的毯子。这类作品，习称"太平有象"或"太平景象"，是象征和平的吉祥物，有时也会以童子取代瓶子，结合为童子洗象，也有万象更新、世道吉祥的寓意。

# 民初松鼠葡萄琥珀鼻烟壶

长度/76mm　宽度/36mm　高度/24mm　重量/26g

葡萄的果实浑圆饱满，累累成串，自古以来便是五谷丰收的吉祥象征；而以葡萄藤纹作为题材的艺品始见于唐代，如海兽葡萄纹铜镜和葡萄藤纹银器等。鼠在十二生肖中排在首位，为十二地支"子"年的代表动物，明清时期常见的松鼠葡萄纹饰，便是将两者组合而成的吉祥图腾，造型讨喜可爱，有多子多福、万年富贵的寓意。

此件作品以瓜形为体，松鼠葡萄纹饰为辅，祝贺子孙万代绵延不断，雅俗共赏，赏心悦性。

正面　　　　　　　　　　反面

# 民初喜上眉梢煤珀鼻烟壶

长度/66mm　宽度/32mm　厚度/18mm　重量/25g

辽宁省抚顺市的西露天矿是中国本地盛产琥珀的主要区块，抚顺一带也是煤矿的重要产区，此地所开采的琥珀除了金珀、白云珀、花珀和血珀外，还有一种与煤矿共生的煤珀，或称烟煤精。这种煤珀，内部包覆着不同形状、色彩的独特内含物质，相较于一般通透的琥珀更饶富趣味。

抚顺琥珀主要产于新生代早期第三纪（距今6500万年–180万年）的煤层中，除了矿物的内含物，当中也有许多包覆着昆虫的虫珀，属于琥珀矿中极为珍贵的品种。而完整的虫珀相当稀有，可遇不可求，价格甚至比黄金更为昂贵。

本件鼻烟壶作品以抚顺煤珀为材，正反面各刻有喜鹊及梅枝的图案，寓意喜上眉梢，其上还有刻寿字图腾，造型相当特别。

正面

反面

侧面

# 清代琥珀虎纹双耳铺首鼻烟壶

长度/46mm　宽度/26mm　厚度/18mm　重量/19g

　　一般人对"铺首"这个词都相当陌生，对于它的形象却十分熟悉。所谓的铺首，就是古代门扉上的兽纹门环，《说文解字》记载："铺首，附着门上用以衔环者。"根据目前的考古研究发现，早在青铜器时代，便已出现铺首衔环的铜器形制。

　　铺首的造型精美多变，最为讲究的，则以明清时期皇宫大门所饰用者为代表。帝王宫殿大门上的铺首，一般都为铜制鎏金，形象则以虎、狮、螭龙、龟、蛇为主，也有朱雀、双凤、羊首、椒图等造型，古人相信以这类的神兽星宿守门，能预防灾祸临门，远离凶险。在朱漆的宫门上，造型精良的铺首和金色的门钉相互映衬，显现出皇室建筑的帝王气派。

　　本件鼻烟壶以虎纹铺首衔环为耳，瓶身为圆柱状，透过简单大方的造型，将琥珀通透金亮的特色表现无遗。

正面　　　　侧面

# 清代福禄双至琥珀鼻烟壶

长度/52mm　宽度/35mm　厚度/26mm　重量/20g

葫芦是中国自古以来最受喜爱的吉祥纹饰之一，"葫芦"二字与"福禄"二字谐音，常用于祝寿用。在古代，夫妻结婚入洞房时，必须合饮一杯合卺酒，也就是现在俗称的交杯酒，此种习俗始于周代。"卺"即葫芦，"合卺"是将葫芦破为两半，注酒入其中，新娘新郎各饮一卺，其意为夫妻百年后灵魂可合为一体。

葫芦与福禄音同，又是富贵的象征，更代表长寿吉祥，因此古人视葫芦为求吉护身、辟邪驱祟的吉祥物。中国台湾也有谚语说："厝内一粒瓠，家风才会富。"在屋梁下悬挂葫芦保平安，俗称为"顶梁"。

本件琥珀鼻烟壶以葫芦层层相迭，寓意福禄双至、绵绵不绝。

# 清代貔貅纹琥珀鼻烟壶

长度/64mm　宽度/38mm　高度/24mm　重量/25g

　　在功利主义高涨的现代社会，据传能带财聚宝的貔貅，成了最广为人知的瑞兽之一。在古代，貔貅的造型有单角和双角两种，单角称为"天禄"，双角则是"辟邪"。据晚清耆老徐珂编撰的《清稗类钞》描述："貔貅，形似虎，或曰似熊，毛色灰白，辽东人谓之白熊。雄者曰貔，雌者曰貅，故古人多连举之。"

　　事实上，貔貅是一种相当凶悍的猛兽，《史记·五帝本纪》记载："轩辕乃修德振兵，治五气，艺五种，抚万民，度四方，教熊罴貔貅貙虎，以与炎帝战于阪泉之野。"将貔貅与熊、罴、貙虎并列，可见其战斗力相当，都是猛兽级的动物。据传貔貅以珠宝钱财为食，纳四方财气，而且只进不出，因而在风水上一向被视为能够聚财的神兽，原本凶猛的习性和造型也随着时代变迁，被添加了不少诙谐可爱的元素。

　　此外，还有人认为貔貅天性懒散爱困，必须随时把玩，将其叫醒，财运才会随之而来。所以此件琥珀鼻烟壶以貔貅为纹，便于随身携带，也有进宝纳财的吉瑞用意。

# 清代龙纹琥珀烟嘴

长度/46mm　宽度/13mm　厚度/9mm　重量/6g

烟草源自于美洲大陆的印第安人部落，在哥伦布发现新大陆后传入欧洲，数十年间便风靡整个欧洲大陆，吸食烟草成了无分贵贱的流行嗜好。

随着西班牙船舰向全世界扩张海权，也将吸食烟草的文化带进了亚洲地区，最初是传至菲律宾，再由漳州的生意人带进福建沿海一带。当时的人认为，烟草有祛寒醒脑的功效，并由沿海一带迅速传至中国北方各地。

在烟草盛行之初，吸食烟草只需一根中空的木杆，前面再加个盛放烟草的器具即可。为了讲究吸烟的舒适度，才又出现了铜质中空的烟嘴，其后又为了彰显身份地位的不同，因而制作了牙角、玉石、金银、琥珀等珍贵豪奢的各式烟嘴。此件龙纹琥珀烟嘴雕工精良、纹饰细致，为中式烟嘴中罕见的琥珀材质佳作。

# 清代年年有余琥珀圆雕挂件

长度/58mm  宽度/36mm  厚度/22mm  重量/18g

　　在古代，鱼和雁是书信的代名词，古人为传达私密信息，以绢帛写信装在鱼腹中，以鱼传信，称为"鱼传尺素"。东汉蔡邕的《饮马长城窟行》一诗有言："青青河边草，绵绵思远道。远道不可思，宿昔梦见之。梦见在我傍，忽觉在他乡。他乡各异县，展转不相见。枯桑知天风，海水知天寒。入门各自媚，谁肯相为言。客从远方来，遗我双鲤鱼。呼儿烹鲤鱼，中有尺素书。长跪读素书，书中竟何如？上言加餐饭，下言长相忆。"内容描述离别的亲人以鱼作为书信往来的工具，表达出满满的思念与情感。

　　到了唐宋两朝，达官显贵会佩戴金制的"鱼符"，是身份和权力尊贵的象征。鱼象征富贵，农历除夕夜的团圆饭桌上一定会有鱼这道菜，一般习俗都会将这道鱼留到隔天初一后再吃，取其谐音，寓意"年年有余"。此外，成语"如鱼得水"，则是用来描述工作和生活和谐美满幸福。

　　此件作品以双鱼和莲叶层层堆栈相连，莲莲有鱼，表达出对"年年有余"的深切期盼。

# 鱼形琥珀双面雕件

长度/42mm　宽度/28mm　厚度/12mm　重量/8g

　　鱼的形象，在七千多年的中国传统工艺中就有举足轻重的地位。从远古时代起，鱼就和人类的日常生活息息相关，在农业开始前，鱼类更是人们赖以生存的重要食物。

　　至今，鱼仍是我们餐桌上的佳肴美馔，一餐之中只要有鱼，便觉富足而丰盛。又因"鱼"与"余""裕"谐音，中国人便将鱼的形象和图腾作为主题，融入书画、瓷器、玉器的创作，创造出各式各样的鱼形艺术品，在讨喜的造型中，寓意生活富足有余。

　　鱼的形制种类繁多，鳜鱼、鲤鱼、鲇鱼都是常见的题材。此件作品线条流畅圆顺，做工简约雅致，深具宋代文物朴质典雅的特质，相当罕见。

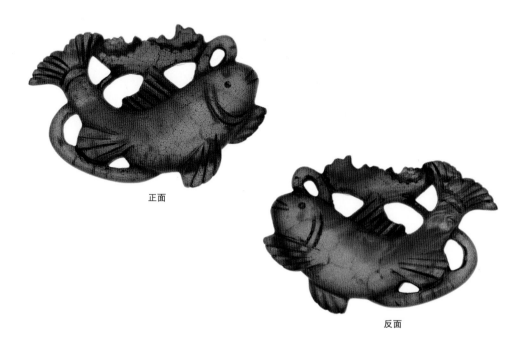

正面

反面

# 摩羯双鱼琥珀挂件

长度/68mm　宽度/39mm　厚度/8mm　重量/20g

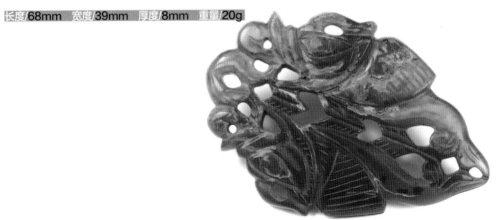

　　鱼化龙，是中国传统吉祥图腾之一，又名"鱼龙变化"，常用在各种传统工艺或文学创作中。所谓的"鱼龙互变"（鱼可化龙，龙也可化鱼），各有其代表含意。汉代刘向所撰的《说苑》中，就有"昔日龙下清冷之渊，化为鱼，渔者豫且射中其目"的记载，是成语"白龙鱼服"的由来，白龙化成鱼游于渊中，比喻帝王或大官微服出巡之意。另一方面，鱼化龙也常见于文学作品中，如元代高明《琵琶记》第五出《南浦嘱别》就有一段："孩儿出去在今日中，爹爹妈妈来相送。但愿得鱼化龙，青云得路，桂枝高折步蟾宫。"此则为鱼化龙的典型用法，常用来比喻加官晋爵、金榜题名、高升昌盛，有鱼跃龙门的含意。

　　这种鱼龙互变的特殊造型，在考古学的记录中，早在商周晚期的玉器上就曾被使用。演变至明清时期，陶艺名家陈仲美也将鱼化龙的造型运用在紫砂壶的制作上，被称为"鱼化龙壶"，是许多紫砂收藏家的最爱。

　　本件鱼化龙琥珀雕件，造型朴实可爱，样态生动而流畅，双鳍摆动自然，有"一跃龙门便化龙"的清晰意象。

# 摩羯鱼蜜蜡圆雕

长度/83mm  宽度/42mm  厚度/30mm  重量/39g

　　在传统图腾中，还有一种特殊的"摩羯鱼"，这种鱼龙首鱼身，是佛教传说中的一种神鱼，地位类似中国的河神。大藏经《一切经音义》卷四十中记载："摩羯者，梵语也。海中大鱼，吞噬一切。"而唐代著名的三藏法师玄奘，在所著的《大唐西域记》第八卷中，亦有记述名为"摩羯"的大鱼，书中描述摩羯鱼的体形有如山一般大："崇崖峻岭，鬐鬣（脊鳍）也；两日联晖，眼光也。"隋唐至元，常以摩羯鱼作为纹饰，其中又以唐代和辽金的银器及宋代耀州窑的瓷器最多。在辽代的陈国公主墓中，也发现了许多摩羯鱼造型的玉器和雕件。

# 清代布袋和尚琥珀挂件

长度/52mm　宽度/22mm　高度/8mm　重量/12g

　　五代后梁开平（907-911年）年间，浙江奉化一带出现了一位行为怪异的和尚，能够预知吉凶，高兴就卧在雪里，雪也不沾身，天晴时，便穿着木屐跑到桥上竖膝而卧，雨天则穿上湿草鞋，在路上急急行走。他虽然行事怪诞，但为人随和，乞讨时也只要一文钱，个性单纯天真，又和小孩子很合得来，身后经常跟着一大群孩子，和他一起嬉闹玩耍，这就是布袋和尚。

　　布袋和尚俗名张契此，生于后梁乱世，常背着一只布袋出游四方。他性格豪爽，喜结善缘，肚皮圆滚滚，眼睛笑咪咪，"大肚包容，忍世间难忍之事；笑口常开，笑天下可笑之人"。布袋和尚不拘小节，留有许多与生活相关的偈语，例如："手把青秧插满田，低头便见水中天；身心清净方为道，退步原来是向前。"在佛法体悟上，与禅宗的理念较为相近。圆寂前，布袋和尚曾留有一偈："弥勒真弥勒，化身千百亿，时时示时人，时人自不识。"本件作品人物表情生动自然，布袋和尚笑容可掬，望之令人心神愉悦。

# 辽金神人乘龙琥珀挂件

长度/56mm 宽度/21mm 厚度/8mm 重量/5g

在古代神话中，龙是神仙、帝王的坐骑神兽。神人乘龙的意象，最早可见于《山海经》："夏后乘两龙，云盖三层，左手操翳，右手操环，佩玉璜。"《说文解字》记载："龙，鳞虫之长。能幽能明，能细能巨，能短能长。春分而登天，秋分而潜渊。"《史记·封禅书》也写道："黄帝采首山铜，铸鼎于荆山下。鼎既成，有龙垂胡髯下迎黄帝。"

目前发现最早的神人乘龙图腾是在西周时期的玉雕上，神人是周人崇拜的神祇，能借神龙之助飞升天际。本件神人乘龙琥珀挂件造型朴实，颇有古味，中有穿孔，应是作为耳环之用。

# 清代蜜蜡龙纹簪头

长度/66mm 宽度/14mm 高度/20mm 重量/19g

　　发簪在中国的历史相当悠久，是由"笄"这种形制发展而来，这种长针状饰件用于绾定发髻或冠帽，材质多样，主要有竹、木、牙、角、玳瑁、玉、琥珀、陶瓷、骨、金、银、铜、铁等，并以各式珠宝为点缀。

　　古代女子十五岁行加笄之礼，以簪束发表示成年。春秋战国时期的礼仪制度严格，见服饰便能知贵贱，材质不同的各色发簪也可用来区分地位尊卑，王后、侯妃、夫人使用玉簪，士大夫与其妻则用象牙簪，而一般平民百姓只能佩戴骨簪。汉代以降，佩戴簪子不再被严厉的礼仪制度所约束，发展出的形式种类日趋繁多。《史记·滑稽列传》言："前有堕珥，后有遗簪，髡窃乐此，饮可八斗而醉二参。"《后汉书·舆服志》也有"黄金龙首衔白珠，鱼须擿（簪股），长一尺，为簪珥"的记载。

　　此件作品的簪尾已遗缺，龙形饱满威武，双目炯炯有神，咬口部分的金属为民初时期后加。以龙为主题的簪子原本就十分稀少，而以琥珀为材料的更是罕见。

# 明代琥珀佛手簪头

長度/46mm　宽度/20mm　高度/11mm　重量/12g

　　唐宋两代发簪十分盛行，在许多绘画中常见满头插簪的妇女形象，杜甫《春望》中曾述："峰火连三月，家书抵万金。白头搔更短，浑欲不胜簪。"宋代文豪陆游的《入蜀记》也曾记载："未嫁者率为同心髻，高二尺，插银钗至六支，后插大象牙梳，如手大。"描述当时川蜀一带女子的流行装束。

　　明清时期的发簪特色在簪首，以花鸟鱼虫、飞禽走兽等自然元素作为簪首的形状。明代权臣严嵩遭抄家时，家产被集为《天水冰山录》一书，其中关于发簪名称的记录就有"金梅花宝顶簪""金菊花宝顶簪""金宝石顶簪""金厢倒垂莲簪""金厢猫睛顶簪""金昆点翠梅花簪"等，极尽奢华。

　　此件琥珀簪头以佛手瓜形为题，经时间的洗礼而产生了风化作用，虽然埋盖了部分原有的雕工，但自然冰裂的岁月痕迹如同人类的皮肤一般纹路清晰，略微剥落的皮壳就像新陈代谢脱落的皮肤角质，尽显老琥珀迷人的质朴韵味。

# 清代弥勒菩萨蜜蜡牌片

长度/45mm 宽度/38mm 高度/10mm 重量/12g

弥勒为大乘佛教的八大菩萨之一，在佛教经典中被称作阿逸多菩萨。"弥勒"为其姓，梵文为Maitreya，是常见婆罗门姓氏，"阿逸多"是其名，"弥勒阿逸多"的意思便是"慈无能胜"，即"慈悲之心无有能胜其者"。

佛教信仰中，弥勒菩萨被视为释迦牟尼佛的继任者，也就是未来佛，佛经中最早的记载见于《中阿含经》卷十三的《说本经》："佛告诸比丘，未来久远人寿八万岁时，当有佛，名弥勒如来。于是尊者弥勒，即从座起，偏袒着衣，叉手向佛白曰：'世尊，我于未来久远人寿八万岁，可得成佛，名弥勒如来。'世尊叹弥勒曰：'善哉！善哉！弥勒！汝发心极妙，谓领大众，所以者何，如汝作是念。"

此件作品弥勒菩萨外形富态，大度有容，终年笑口常开，让人望之心生欢喜，忘却烦恼。本件作品以蜜蜡为材，凝脂生香，法相端正，将弥勒菩萨的形态刻画得淋漓尽致。

# 民初人物蜜蜡小山子

长度/78mm　宽度/40mm　厚度/32mm　重量/72g

　　"山子"是中国雕刻艺术中相当独特的一种形制，由于所选的料件较大，一般都是因材施工，随着材料本身的形状来雕琢出山水、人物等立体景观。山子之上的圆雕山林景观，在制作前必须先绘制平面图，再行雕琢，因而又常以图命名，一般以山林、人物、动物、飞鸟、流水等主题为多，层次分明，形态各异。这种山林景观的雕刻，从取景、布局到层次排列，都和中国传统山水画的原理一致。

正面

侧面

# 民初春水秋山蜜蜡小山子

长度/60mm　宽度/30mm　厚度/16mm　重量/68g

　　清代的山子雕琢，深受清初"四王"（王时敏、王鉴、王翚、王原祁四位画家）画风影响，山石布局讲究均衡、稳重，层林迭起，意境清淡，因而在雕造时力求古朴庄重，用刀平稳，转折圆润，不同于民间裁花镂叶的装饰作风。

　　此件作品为罕见的蜜蜡山子雕件，以春水秋山为题，集合了浮雕、圆雕、透雕、线刻、抛光等诸多技法。从一颗小小山子中，可窥见中国传统的雕刻技法已达到了无巧不施、无工不精的登峰造极境界。

正面

反面

# 清代琥珀罗汉圆雕

长度/**73mm** 宽度/**24mm** 厚度/**18mm** 重量/**28g**

　　"罗汉"一词源自于梵语Arhat（阿罗汉）的音译，意谓应供、杀贼、无生，用来称呼达到修福慧、断烦恼、出轮回等三种修行境界的圣者。据唐代庆友尊者所著的《法住记》记载，罗汉原有十六位尊者，是释迦牟尼身边的得道弟子，佛陀涅盘前，曾敕令十六罗汉常住世间，守护正法，随缘教化渡众。

　　随着佛教传入中国的时间日久，原有的十六罗汉逐渐演变为具有中国传统特色的"十八罗汉"，分别为降龙罗汉（济公）、坐鹿罗汉、举钵罗汉、过江罗汉、伏虎罗汉、静坐罗汉、长眉罗汉（梁武帝）、布袋罗汉（布袋和尚）、看门罗汉、探手罗汉、沉思罗汉、骑象罗汉、欢喜罗汉、笑狮罗汉、开心罗汉、托塔罗汉、芭蕉罗汉及挖耳罗汉。十八位罗汉个个特色鲜明、形态各异，常出现于各种绘画或雕刻作品中。

　　此件罗汉作品为少见的人物琥珀圆雕，工艺朴拙，表情生动，色泽温润自然。

# 鸳鸯贵子 琥珀圆雕

长度/**52mm** 宽度/**28mm** 高度/**18mm** 重量/**22g**

　　晋代崔豹的《古今注·鸟兽》中曰："鸳鸯，水鸟，凫类也。雌雄未尝相离，人得其一，则一思而至死。故曰疋鸟（匹鸟，成对生活的鸟）。"在中国，鸳鸯一向是爱情的代表，用来表达爱侣间忠贞不移的情感。许多经典的文学作品中，都以鸳鸯为主题。如唐初诗人卢照邻《长安古意》的描述："得成比目何辞死，愿作鸳鸯不羡仙。比目鸳鸯真可羡，双去双来君不见？"杜甫《佳人》一诗中也有言："夫婿轻薄儿，新人美如玉。合昏尚知时，鸳鸯不独宿。"都是在赞咏鸳鸯的坚贞习性。

　　此件琥珀圆雕作品以鸳鸟为题，口衔花卉，有"鸳鸯贵子"的寓意。

# 鸳鸯纹琥珀宝盒

长度/39mm　宽度/24mm　厚度/8mm　重量/10g

　　以鸳鸯象征坚贞爱侣的典故，最早出自于晋代干宝所撰的《搜神记》，在卷十一的《韩凭夫妇》一文中记载了一段凄美动人、坚贞不渝的爱情故事。

　　战国时期，宋康王凶残蛮横，觊觎士大夫韩凭妻子何氏的美色，强而夺之。韩凭心怀怨恨，康王便将他囚禁起来，韩凭不堪其辱，自杀而死。何氏得知丈夫已亡，暗地里先腐蚀自己的衣服，趁着与康王同登高台赏景时，从台上跳下自杀，康王随从想拉住她，但由于衣服已朽坏，只拉住她的衣带，带上留有遗书："王利其生，妾利其死，愿以尸骨，赐凭合葬！"康王暴怒，无视何氏遗愿，将她的坟茔立于韩凭墓的对面遥遥相望，王曰："尔夫妇相爱不已，若能使冢合，则吾弗阻也。"数日后，两人的坟墓竟各自长出一棵大梓树，树干交错弯曲合抱，树根于地底交结不分，有如一对爱侣。宋国人称此木为相思树，树上常有一对鸳鸯栖息，早晚相随，交颈悲鸣，时人皆谓此禽即韩凭夫妇的精魂所化，不论生死都相亲相爱，永不分离。

上盖

# 清代琥珀兽印钮一对

长度/26mm　宽度/10mm　厚度/8mm　重量/6g

　　对中国人而言，印章不仅是用来鉴别身份，更是彰显个人特质的独特象征。古人用印十分讲究，材质不胜枚举，金银铜铁、竹木牙角、玉石琥珀等都是常见的材料。印章的名称，随着朝代不同而演变，在秦以前通称为玺；至汉代开始转为印、章；唐代以后，随着用途不同，又有宝、记、朱记、关防、图书、花押等名称。

　　沿用至今，印章的用途约略可分为官印、姓名印、字号印、斋馆印、鉴藏印、闲章、肖形印等。由于硬度较低，琥珀较少用来作为印材，琥珀印章最早的出土记录是在汉代。这对兽印钮玲珑可爱，应为文人雅士随身携带的小巧玩物。

# 清代三足金蟾琥珀印钮

长度/25mm　宽度/12mm　厚度/12mm　重量/8g

正面　　　　　　反面

　　说到三足金蟾，与"刘海戏金蟾，步步钓金钱"的传说有关。刘海是中国民间传说中的神仙，是道教的吉祥财神，被尊称为"海蟾仙师"。根据记载，刘海本名刘操，生于五代十国时期，原籍燕山（北京），曾为辽朝进士，辅佐燕国国君刘守光，官拜丞相。

　　根据《历代神仙通鉴》记载："一日，有自称正阳子的道士来见，刘海以礼相待，道士为其演习'清净无为之示，金液还丹之要'，并向刘海索讨鸡蛋十颗、金钱十枚，以一钱间隔一蛋，高高迭起成塔状。刘海惊道：'太险！'道士答道：'居荣禄，履忧患，丞相之危更甚于此！'刘海顿悟。"原来，自称正阳子的道士乃是八仙之一的吕洞宾，见刘海颇有仙缘慧根，所以特地前来渡化。

　　刘海悟道后，改名刘玄英，并拜吕洞宾为师，与"睡仙"陈抟一起得道成仙，并列为下洞八仙之一，云游于终南山、太华山之间。

# 清代刘海蜜蜡人物小嵌件

长度/38mm　宽度/22mm　厚度/6mm　重量/8g

刘海得道后，世间出现了一只金蟾妖怪，专吞百姓的金银财宝。刘海为了救黎民于水火，撒铜钱为饵，将金蟾诱入法阵内予以收伏。后来才知，这只三脚蟾蜍原是自己父亲所化，因为他生前为官太贪，死后才化为金蟾妖怪祸乱人间。此后，刘海便以"海蟾子"为道号，为全真道北五祖之一。

由于刘海是在富贵至极时受到吕洞宾点化成仙，而且又以铜钱当作法器，乐于赐人富贵财运，并在世人富贵之际予以传善教化，所谓"衣食足，礼义兴"，因此刘海便成为中国道教的财神代表神祇。元世祖忽必烈曾封其为"海蟾明悟弘道真君"，元武宗更加封他为"海蟾明悟弘道纯佑帝君"。

# 清代琥珀蝉形圆雕

长度/48mm　宽度/28mm　厚度/26mm　重量/18g

　　《史记·屈原贾生列传》："蝉蜕于浊秽，以浮游尘埃之外。"古人认为，蝉在脱壳为成虫之前，都是生活在污浊的泥水中，羽化成蝉后，再飞到高高的树上，只饮露水而生，代表出污泥而不染、品节高尚。

　　古人观察蝉的生活周期，发现它们是在秋凉时从树上钻入土中，等来年春暖再从土中钻出爬上树，如此周而复始，生生不息。

　　传统用玉蝉做墓葬的口琀，便是受到这种生命循环不止的启发，寓意死者也能如同蝉一般从蝉蜕化转生。除了含玉蝉之外，玉器中还有佩蝉和冠蝉两种形制。佩蝉在头部有对穿成Ｖ字形的象鼻穿，是用来系于腰带上的佩件；而冠蝉则是在腹部对穿，可固定于帽子上当作装饰。

　　本件蝉形圆雕造型浑圆饱满，雕工古朴，令人爱不释手。

# 明代和合蜜蜡宝盒

长度/39mm 宽度/24mm 厚度/8mm 重量/10g

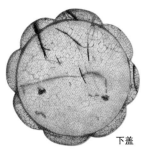
下盖

上盖

和合二仙是掌管和平与喜乐的神仙，一位叫寒山，一位叫拾得。和合二仙的传说源自于唐代，两人都是当时著名的隐士，交情甚笃，感情融洽。据传只要对和合二仙诚心祈求，便能保佑夫妻之间婚姻美满，情侣之间情意绵绵，朋友之间友谊长存。

唐太宗贞观年间，天台山国清寺的住持丰干禅师，是一位名满天下的得道高僧。他一次云游时，在赤城山下发现一个十岁的小男孩，禅师见他面貌不凡，颇有佛缘，便将他领回国清寺抚养。由于小男孩无名无姓，寺内僧人便称他为"拾得"，自此他就跟着僧众一起学习和生活。

寒山则隐居在国清寺山顶之西的寒岩上，穿着奇特，僧不像僧，道不像道，喜欢诗文词藻，经常顺手随处写上几句诗词，或随口吟诵几声诗句。但他不像普通诗人那样预备文房四宝，也从不积累文稿，只要兴致来了，便在屋壁竹石之上随手刻下。

# 明代琥珀花叶宝盒

长度/52mm　宽度/42mm　厚度/32mm　重量/26g

　　日复一日，寒岩附近的山石树木、洞穴墙壁都写满了寒山的诗文。拾得对寒山非常敬佩，很想学得寒山的风范文采，于是每日收集国清寺僧人用剩的饭菜，供养寒山。寺里僧人虽然对拾得和寒山的交情颇有微词，但丰干禅师对拾得的做法欣然接受，从不加劝阻。他知道拾得和寒山都不是常人，丰干禅师自己也是，那么他们到底是谁呢？

　　原来，丰干禅师是阿弥陀佛的化身，而拾得与寒山则分别是普贤菩萨和文殊菩萨的化身，这也就是佛教故事中"三圣同山"的典故由来。和合二仙的图腾有数种不同的表现形态，有的以双童子图来描绘寒山和拾得，有的以开合的盒子图案作为代表，也有直接以上下双盖的宝盒形制来表现。

上盖

# 飞天琥珀圆雕（物件1）

长度/58mm　宽度/38mm　高厚度/18mm　重量/14g

　　飞天，是佛教干闼婆和紧那罗二神的化身。干闼婆为天歌神，紧那罗是天乐神，两人原为一对夫妻，是印度神话中主管歌舞娱乐的神祇。在佛教经典记载中，干闼婆和紧那罗为天龙八部众神之二，干闼婆又被称为"香音神"，她在佛土的主要职责便是在佛陀讲经说法时，为众神献花供宝，并翱翔于云霄之间，散播出各种香气礼佛；而紧那罗的任务则是在佛土中奏乐、歌舞。后世将两者的形象合而为一，演变为最早的飞天形态。

正面

反面

# 飞天琥珀圆雕（物件2）

长度/66mm　宽度/42mm　厚度/10mm　重量/16g

在佛教传入中国前，历史上便有关于"飞仙"的典籍记载，最早可见于《山海经》："羽民国在其东南，为人长头，身生羽""有羽人之国，不死之民。或曰'人得道，身生毛羽也'"。宋代《太平御览》也曾记载："飞行云中，神化轻举，以为天仙，亦云飞仙。"道家的信仰中，得道者会羽化飞仙，在魏晋南北朝初期的壁画中，经常可见到飞仙形态。

随着佛教传入，外来的"飞天"和中国本土的"飞仙"形象逐渐融合为一，并在佛教艺术上发扬光大。甘肃敦煌石窟便完整保存了近六千件飞天的壁画像，涵盖魏晋到元代的各种不同艺术风格，是中国艺术史上的无价瑰宝。

反面

正面

# 清代子冈款琥珀牌片

长度/89mm　宽度/62mm　厚度/8mm　重量/20g

反面

正面

工匠在中国古代的社会地位十分卑微，无论技艺如何精良，作品多么令人叹为观止，仍普遍不受社会尊重。很多工匠往往穷极一生做出许多精彩的作品，但死后仍然没没无闻。

凡事总有例外，明代陆子冈可说是千年历史中一个令人惊叹的异数。陆子冈，江南吴门人士，是中国历史上少数留名后世的玉雕大师。他生于明朝嘉靖、万历年间，活跃于苏州一带。由于明朝时期对工匠的管理十分严格，保留了元朝以来相当严格的匠户制度，在地位卑微的玉雕工匠中，陆子冈能让文人雅士们视为上宾且极为推崇，可谓前所未闻。

陆子冈的作品中最著名的就是"子冈牌"。子冈牌多为长形，宽度的比例相当讲究，大小适中且方圆得度，雕工精巧细致，字体俊秀有力，在方寸之间尽显玉质之美和工艺之精。子冈牌一改明代玉器的陈腐俗气，以完美的玉料搭配高超的技法，将治印、书法、绘画等精髓融入玉雕艺术中，将中国玉雕工艺提高到一个新的艺术境界。为了纪念陆子冈的艺术成就，后世便将此种形制的玉牌命名为"子冈款"玉牌。

此件作品为清代匠师模仿子冈牌所雕制而成的琥珀牌，正面刻有骑牛牧童的牧归图，背面则刻有"吉祥如意"四字，相当罕见。

# 瓜瓞绵绵琥珀鼻烟壶

长度/52mm　宽度/32mm　厚度/20mm　重量/50g

　　瓜瓞绵绵为中国传统吉祥图案之一，出自于《诗经·大雅》："绵绵瓜瓞，民之初生，自土沮漆。"此处描写的是周朝历代先祖的发展史，瓞是指小瓜，沮和漆都是水名，意思是说周朝的祖先像瓜瓞一样岁岁相继，历传到太王才奠定了王业的基础，就如同一条瓜藤上的瓜，从结出小果开始，随着瓜藤蔓的延伸，又结出了许多瓜，并慢慢成长茁壮，终至结实累累。

# 清代瓜瓞绵绵琥珀挂件

长度/31mm 宽度/22mm 厚度/8mm 重量/6g

　　出自诗经的"瓜瓞绵绵"一词，常用来祝颂子孙昌盛，繁盛不绝。例如，西晋文学家潘岳（潘安）的《为贾谧作赠陆机》一诗云："画野离疆，爰封众子。夏殷即袭，宗周祭祀，绵绵瓜瓞，六国互峙。"由于"瓞"与"蝶"同音，瓜的果实内多子，民间便常以蝴蝶和瓜的图像搭配藤蔓或花卉，组成"瓜瓞绵绵"的图腾纹样，寓意子孙昌盛、事业兴旺。

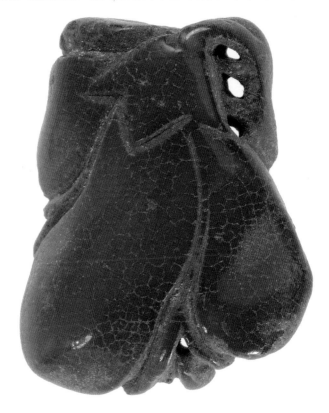

# 明代祥狮献瑞琥珀圆雕

长度/72mm　宽度/38mm　高度/40mm　重量/76g

中国虽然地大物博，却没有原生的狮子品种，直至西汉张骞奉汉武帝之命出使西域后，狮子才经由丝绸之路从西亚一带运回中国，进献给汉武帝。

初期，狮子在中国被称为"狻猊"，如《尔雅·释兽》的记载："狻猊如虦猫，食虎豹。"在中国文化传承中，雕成狮子的石像常用于护院和镇村，由于狮子威严的外貌，在古代更被视为法律的守护者。在佛教中，狮子是文殊菩萨乘坐的神兽，也常镇坐于寺庙门口护持神神祇。

# 明代祥狮琥珀圆雕

长度/**58mm** 宽度/**22mm** 高度/**60mm** 重量/**16g**

侧面

　　狮子的形象在民间应用也很广，有右前足踏鞠（俗称绣球）的雄狮、左前足踏小狮子的母狮，还有雌雄狮子相戏绣球的"双狮戏鞠"。据《汉书·礼乐志》记载，从汉代开始民间便流行所谓的狮舞，两人合扮一狮，另有一人持绣球逗之，上下翻腾跳跃，活泼有趣。"双狮戏鞠"图案，就是源自于此。

　　此件琥珀圆雕祥狮线条力道十足，刻工一气呵成，以简单利落的造型塑造出完整的狮子意象，手感温润圆融，为琥珀圆雕中的佼佼之作。

正面

反面

# 明代太师少师蜜蜡圆雕（物件1）

长度/32mm 宽度/22mm 高度/26mm 重量/10g

舞狮为民俗喜庆活动，寓意祛灾祈福，因此狮子也被视为喜庆的象征。《宋书·宗悫传》记载，元嘉二十二年（445年），南朝的宋代与南方临邑国之间爆发战争。宋军统帅刘义恭因部将宗悫有勇有谋，派为先锋。但临邑国派出以大象为坐骑的军队，驰骋沙场，来往无碍，宋军无法抵挡。宗悫接连受挫后，想出了一条妙计，命下属雕刻木块，制成狮子头套和面具让军士们戴上，再身披黄衣，与象军对阵。象群眼看众多狮子奔来，心生畏惧而自乱阵脚，宗悫便趁机指挥大军扑杀，大获全胜。

此后，狮子在人们心目中，便成了压邪镇凶的最佳象征。又因狮与"事""嗣"谐音，所以常见的祥狮图腾，有象征事事如意的双狮并行，以及祝愿子嗣昌盛的太狮少狮等。

# 明代太师少师蜜蜡圆雕（物件2）

长度/29mm　宽度/15mm　高度/26mm　重量/7g

　　太师是从西周开始就有的官职，与太傅、太保并称为"三公"，而太师是三公之首，乃正一品官，位高权重。少师一职则是由春秋时代的楚国开始设立，与少傅和少保合称为"三孤"，属从一品官。

　　狮子一向是尊贵和威严的象征，又因"狮"与"师"同音，工匠发挥巧思，取谐音太师、少师，象征官禄代代相传。

　　本件蜜蜡圆雕双狮的形态相当生动活泼，雕工细致精巧，皮壳完整自然，玲珑可爱。

反面

正面

# 明代衔芝宝鹅蜜蜡圆雕

长度/29mm　宽度/32mm　厚度/12mm　重量/9g

　　鹅的脖子细长，摆动时姿态曼妙，游水时，鹅掌拍击水面的变化更是婀娜多姿。东晋时代的书圣王羲之就是爱鹅成痴者，他模仿鹅的形态挥毫转腕，所写的字刚中带柔，雄厚飘逸。

　　山阴有一道士，希望王羲之能为他抄写一部道教经典《黄庭经》，但又与他素不相识，不敢贸然提出要求。道士听闻王羲之爱鹅，便费尽心思养了一群气宇轩昂的白鹅相赠，并提出写经请求。王羲之见到这群雄纠纠气昂昂的白鹅十分高兴，立刻提笔疾书，花了大半天时间，才抄写完《黄庭经》赠予道士。这部《黄庭经》被后世称为右军正书第二（王羲之官拜右军将军），因道士以鹅相换，又被称为《换鹅帖》。

　　此件鹅形圆雕小巧玲珑，工艺精细，形态相当可爱，为罕见的琥珀圆雕作品。

# 清代璺珀斋戒牌

长度/71mm　宽度/40mm　厚度/8mm　重量/40g

满文

　　斋戒牌的形制始于明代，是皇帝及文武官员于祭祀期间，随时挂在身上告诫自己行为的警示牌。明成祖建立的北京天坛，是明清两朝皇帝祭祀天神之处，其中的斋宫内，便有一座依照唐代名相魏征形像铸造成的铜像，铜像手中便捧有一块斋戒牌。

　　早期的斋戒牌尺寸很大，直到雍正时期才重新制定斋戒牌的样式，缩小尺寸，谕令各官员将斋戒牌佩戴于心胸之间，并得彼此观瞻，以期简束身心，不得放逸。皇室成员所佩戴的斋戒牌，均出于清宫造办处，质地有玉、象牙、翡翠、琥珀、金、织物、金属胎画珐琅、瓷胎画珐琅、木料等；形式多样，有蝠桃式、葫芦式、椭圆形、长方形、香袋形等，大小在4～9厘米。

　　此件斋戒牌使用珍稀的璺珀为材，正反两面各刻有汉字和满文的"斋戒"二字，并以双龙纹为饰，应属皇室内廷用品。

汉文

# 熊形琥珀圆雕

长度/73mm 宽度/22mm 高度/32mm 重量/42g

　　说到"春水秋山"这种独特的工艺形制，就必须先提到"四时捺钵"。四时捺钵是契丹、女真特有的狩猎文化，在契丹、女真统治的辽金时期，游牧出身的皇室就有春猎冬狩的习俗。契丹语和其后的满语都称狩猎为"捺钵"，"春水"就是春季在水边河畔渔猎的场景，往往在刚解冻的河畔进行，目的是用驯养的海东青捕获从南方返回的天鹅；"秋山"则指深秋时节在山里捕猎的场景，由侍卫把林中野兽惊起，赶向已架设好的猎场范围内，在猎犬和侍卫的协助下，让皇帝射杀并捕获猎物。

　　本件圆雕琥珀熊的外形朴拙可爱，有一中穿孔，应为随身的佩挂件。唯因年代久远，已经有明显的风化龟裂，但仍保有浓厚的时代风格之美。

# 辽金春水秋山蜜蜡牌片

长度/72mm　宽度/41mm　厚度/12mm　重量/31g

春水

秋山

《金史·舆服志》记载，女真族服饰"其胸臆肩袖，或饰以金绣，其从春水之服则多鹘捕鹅，杂花卉之饰，其从秋山之服则以熊鹿山林为纹，其长中骭，取便于骑也"。此种纹饰特色，与女真族自古以来的游牧生活形态息息相关。女真族以狩猎维生，服饰讲究与自然环境融合。春夏之际，衣服上绣有鹰鹘捕鹅雁与花卉丛生的纹饰，是为"春水之服"；而秋冬时期，则以猎捕熊鹿、山林野趣为题，称为"秋山之服"。

此种形制的作品，内容虽然大同小异，但每件的具体形式绝无重复，达到了形散而神不散的艺术境界，充满了淳朴的山林野趣和浓厚的北国情怀，极具草原游牧民族的特色，是辽金元时期相当重要的工艺成就。

本件作品其中一面描写了射虎猎鹿的秋天狩猎景象，另一面则描绘出海东青捕获天鹅的神态，造型简约，意蕴深刻；而相同图案的玉器牌片亦出现在北京故宫的馆藏内。蜜蜡的保存相较于玉件更为不易，本作品的艺术价值和历史意涵不言而喻。

# 明代黄财神琥珀圆雕

长度/63mm　宽度/60mm　厚度/29mm　重量/50g

　　黄财神又名多闻天王，藏文译音为"藏拉色波"（Rnam-thos-kyi-bu / Jambhala），是藏传佛教中五姓财神之一。五姓财神是由五位佛祖所化，分别为观世音菩萨化现的白财神、阿如来化现的黑财神、宝生如来化现的黄财神、阿弥陀佛化现的红财神以及不空成就如来化现的绿财神。

　　除了掌管财富外，五位财神更分别掌管了众生所有的功利事业，黄财神主掌的是福德，助人免除生活窘困之困扰；手中所持的法宝为吐宝鼠。

　　相传多闻天王黄财神因见娑婆世间的众生贫苦，便立下宏愿要救渡众生一切穷困，便从天上降下如雨般的各种金银财宝想造福众生，但因一位龙女所变成的吐宝鼠，将所有宝物吞入肚中，导致世间大众无法获得宝物。多闻天王见此，便掐住吐宝鼠的脖子，让所有宝物尽数吐出。尔后，吐宝鼠更成为黄财神手中的财富守护神，口中的摩尼宝珠象征消除众生贫苦。

　　本件黄财神法相庄严，雕工精致细腻，而琥珀本身的材质相当脆弱，整体造型仍能保持如此完整，难能可贵。

# 清代文财神琥珀挂件

长度/55mm 宽度/23mm 厚度/13mm 重量/11g

在中国人的信仰中，财神可分为文财神和武财神两类。文财神的造型是白面长须、头戴宰相帽、手捧玉如意、身着红袍玉带、足踏金元宝。而关于其来历则有以下两种说法：

一是商代末年纣王的叔父比干，比干为人耿直，对纣王的荒淫暴虐常不假辞色地直言进谏，如此忠厚的臣子，却遭受剖膛挖心的酷刑而死，百姓感念其恩德，将其奉为财神来祭祀。另一种说法，文财神是春秋时期越国大夫范蠡，范蠡经商有道，在越王勾践最落魄时，散尽家财，出钱出力，让勾践一雪会稽之耻，成为一方霸主。他看出越王是"可与共患难而不可共处乐"的人，于是在事成之后便离开越国到了齐国，靠着自己的经商长才累积了许多财富，自号为陶朱公，后世便将富可敌国的范蠡奉为文财神。

本件文财神挂件体材不大，但雕工十分精致，财神的面貌和蔼，笑容可掬。

# 清代凤纹琥珀嵌件一对

长度/31mm  宽度/22mm  厚度/8mm  重量/6g

　　凤凰亦作凤皇，又可称为丹鸟、火鸟、鹖鸡、不死鸟等，被誉为百鸟之王，是中国传说中鸟类最尊贵的物种，雄鸟称为凤，雌鸟称为凰，通称为凤或凤凰，是吉祥和谐的象征。东汉许慎《说文解字》记载："凤，神鸟也。"又《尔雅·释鸟》："鹛凤，其雌皇。"郭璞注解："凤，瑞应鸟。鸡头，蛇颈，燕颔，龟背，鱼尾，五彩色，高六尺许。"所以，鹛也是凤凰的别称。

　　统整古代典籍上的记载，凤凰这种神话瑞鸟的外形，应是鸡头、蛇颈、燕颔、龟背、鱼尾，身上的羽毛有五彩颜色，高约六尺。除了羽毛鲜艳亮丽外，凤凰的鸣声清亮，且雌雄有别。

　　本件作品雕法工整，形态自然，成双成对，鸾凤和鸣。

# 辽金凤鸟琥珀圆雕

長度/44mm　寬度/14mm　厚度/6mm　重量/7g

　　汉代王充的《论衡·讲瑞》记载："雄曰凤，雌曰凰。雄鸣曰即即，雌鸣曰足足。"
又《左传·庄公二十二年》记载："凤凰于飞，和鸣锵锵。"这里说明凤凰雄鸟的鸣声是
即即，雌鸟的鸣声为足足，雌雄和鸣则为锵锵。

　　凤凰是古人心目中的瑞鸟，视之为天下太平的象征，古人深信若逢太平盛世，君王深
富仁德，凤凰便会现世，称为"瑞应"。据传黄帝之子少昊及周成王即位时，都曾有凤凰
飞来庆贺。凤凰身具仁义礼智信五德，象征维系古代社会和谐安定的力量，因此被视为是
圣贤者受天命致太平的瑞应鸟。在《诗经·大雅》也提到："凤凰于飞，翙翙其羽。"描
写雌雄双鸟一起飞翔的美妙姿态，用以比喻夫妻恩爱。

　　此件凤鸟作品造型特殊，风化纹路清晰可见。

正面

反面

# 明代凤毛济美蜜蜡嵌件

长度/51mm 宽度/31mm 厚度/4mm 重量/6g

王劭（字敬伦，小字大奴）是东晋丞相王导的第五个儿子，外貌俊美，为东晋时期的书法大家。楚宣武帝桓温对王劭十分赏识，据《世说新语·容止篇》记载，有次桓温见王邵远远走来，看着他说："大奴固自有凤毛。"用奇珍之物"凤毛"赞美他有乃父之风。

关于"凤毛"还有另外一个典故。南朝宋代著名文人谢超宗，祖父是东晋山水诗始祖谢灵运。《南史·谢超宗传》记载，谢超宗好学有文辞，深得孝武帝赏识，称赞他"殊有凤毛，灵运复出"。

"有凤毛"是称誉后代子孙有其父祖的丰姿文采，而承继前人家业并发扬光大者，则称之为"凤毛济美"。

本件题材便是以凤凰身上的羽毛为主体，雕工灵活精细，形态自然而不矫作，经过百年岁月的洗礼，表面的皮壳风化相当明显，包浆更显幽光沉静、老味十足。

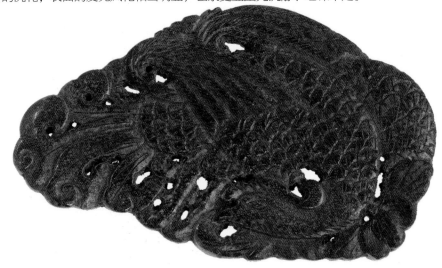

# 明代寿翁琥珀嵌件

长度/50mm  宽度/38mm  厚度/9mm  重量/7g

据典籍记载，中国历史上最长寿的，是相传活了八百年的彭祖，因此被尊为"长寿之神"。晋代葛洪所著的《神仙传》有言："彭祖者，姓篯名铿，帝颛顼之玄孙，至殷末世，年七百六十岁。"由于治水有功，舜帝曾将徐州彭城一带册封给篯铿，称为大彭氏国，子孙都称呼他为彭姓祖先，故称"彭祖"。

彭祖在中国历史上的影响很大，不仅孔子对他推崇备至，庄子、荀子、吕不韦等思想家都曾引述过彭祖的言论，例如《论语·述而篇》就提到："述而不作，信而好古，窃比于我老彭。"

# 清代寿翁琥珀嵌件

长度/48mm　宽度/30mm　厚度/8mm　重量/5g

《史记》对彭祖的记载："彭祖氏，殷之时尝为侯伯，殷之末世灭彭祖氏。"道家更是把彭祖奉为养生修道的先驱者，许多道家典籍都保存有彭祖的养生遗论。在先秦时期，彭祖是众所皆知的贤者，直到西汉刘向的《列仙传》才把彭祖列入仙班，称之为"硕仙"，自此彭祖才逐渐成为神话中的人物。

本件琥珀寿翁嵌件，表面冰裂风化明显可见，琥珀色泽略带金光，人物形态和表情都刻划得相当精彩。在人物下方还有只仙鹤，祝寿贺词为常用语"松鹤万古，彭祖身显"。彭祖伴鹤的图案有松鹤延年的吉祥寓意。

# 清代寿翁血珀圆雕

长度/46mm　宽度/38mm　厚度/38mm　重量/23g

　　寿星是福禄寿三星之一，为道教信奉的长寿之神，又称为南极仙翁或长生大帝。据《封神演义》描述，南极仙翁是玉虚宫元始天尊的弟子，随侍于天尊之侧。民间认为，南极仙翁就是南极星的化身，因此南极星又被称为老人星，如《史记·天官书》："狼比地有大星，曰南极老人。老人见，治安；不见，兵起。"将老人星（南极星）的出现与否，视为与天下太平息息相关。

　　从东汉起，祭祀老人星的仪式便成为国家祀典之一，皇帝要带领文武百官到老人庙祭祀祈福。所谓"七十古来稀"，敬老活动自古迄今不坠，如《后汉书·礼仪志》记载："仲秋之月，县道皆案户比民，年始七十者，授之以玉杖，哺之糜粥。八十九十，礼有加赐。玉杖长九尺，端以鸠鸟为饰。鸠者，不噎之鸟也，欲老人不噎。"

# 清代福寿双全蜜蜡牌片

长度/72mm　宽度/38mm　厚度/12mm　重量/20g

　　寿星是中国神话中的长寿之神，形象一般为额部隆起、须发皆白、面容红润的和蔼老人，一手持拐杖，一手捧仙桃，骑乘白鹿或白鹤。唐代司马贞的《史记索隐》记载："寿星，盖南极老人星也，见则天下理安，故祠之以祈福寿。"早在东汉时期，民间就有祭祀寿星的仪式，并与敬老仪式结合，祭拜寿星时，要向长寿的老人奉赠拐杖，祈求老人家能长命百岁。

　　蝙蝠或蝴蝶的图腾常与寿字相结合，取其"福寿双全"的吉祥含意。此件蜜蜡牌片便以寿字为体，数只蝙蝠为点缀，构图饱满圆润，十分讨喜。

# 明代一品清莲蜜蜡嵌件

长度/52mm　宽度/33mm　厚度/6mm　重量/19g

　　莲花古名芙蓉，含苞未发者称之为菡萏。自古以来，莲花一向是神圣、耿直、廉洁、清高的象征，深受文人雅士喜爱。

　　曹植在《芙蓉赋》中称道："览百卉之英茂，无斯华之独灵。"宋代许顗的《彦周诗话》里也赞谓："世间花卉，无逾莲花者，盖诸花皆薰风暖日，独莲花得意于水月清淳逸香，虽荷叶无花时亦自香也。"而最广为人知的爱莲者，莫过于宋代理学始祖周敦颐，他在《爱莲说》一文中说："予谓菊，花之隐逸者也；牡丹，花之富贵者也；莲，花之君子者也。"

# 清代一品清莲琥珀嵌件

长度/56mm 宽度/42mm 厚度/8mm 重量/20g

北宋周敦颐爱莲成痴，他创办的濂溪书院正好位于江西庐山的莲花洞，他对莲花的赞赏，已成为千古名句："予独爱莲之出淤泥而不染，濯清涟而不妖，中通外直，不蔓不枝，香远益清，亭亭净植，可远观而不可亵玩焉。"

本件琥珀嵌件以莲花和荷叶为题，表现出"一品清莲"的传统图腾，寓意为政者即便官居一品，仍保有清廉自持的良好德行，并随时以此图腾来自省自戒，不可轻忽。

# 清代桃形琥珀圆雕挂件

长度/26mm　宽度/25mm　厚度/24mm　重量/9g

在中国，桃素有"仙家之果"的美名，《神农本草经》曰："玉桃，服之长生不死。"《神异经》中记载："东方有树，高五十丈，叶长八尺，名曰桃。其子径三尺二寸，小核味和，和核羹食之，令人益寿。食核中仁，可以治嗽。小桃温润，既嗽，人食之即止。"桃不论哪个部位都有养生功效。

除了桃实之外，民间传说桃枝还有辟邪驱鬼的作用，桃符（春联）的前身就是桃枝。古人年终辞旧迎新时，会在大门上悬挂桃枝或桃木做成的符板祈福消灾。

# 明代桃枝蜜蜡帽花

长度/57mm　宽度/33mm　厚度/7mm　重量/11g

　　寿宴上常见的寿桃，缘由要从战国时代（公元前475-公元前221年）孙膑讲起。孙膑为诸子百家中的兵家之首，因兵法如神，被尊为"兵学亚圣"。他曾拜于纵横家鼻祖鬼谷子门下，十八岁离家，一去便是数十年。

　　在母亲八十大寿前夕，孙膑拜别了恩师鬼谷子，欲回家探望老母。临走前，鬼谷子送了一颗桃子给他，让他带给母亲作为贺寿之礼。见到了久未谋面的孩子，孙母十分高兴，而不知是思子心切或鬼谷仙师赐的桃子妙法无边，孙母将孙膑带回来的桃子吃完后，原本憔悴枯朽的面容竟然变得饱满红润、肌肤紧实，发色更由苍白转为乌黑，见者无不啧啧称奇。

　　此后，寿宴献上鲜桃祝贺成了一种孝亲的传统习俗；而若是在非桃子产季时过寿，也会用面粉制成桃子形状的点心来表达祝寿心意，这就是我们所熟知的寿桃由来。

# 明代桃枝琥珀帽花

长度/57mm　宽度/33mm　厚度/7mm　重量/11g

　　晋朝张华的《博物志》记载，汉武帝寿辰时，宫殿前飞来一只黑鸟，武帝问臣子此鸟为何，群臣中只有东方朔站出来回答："此鸟乃西王母的坐骑青鸾，王母即将前来为陛下祝寿。"不久后，西王母果然从天而降，并带来了七颗仙桃，除了自留两颗外，其余五颗都赠予武帝。武帝吃完仙桃，想将剩下的核果留下来种植，西王母却告诉他："此桃三千年结一次果实，中原地薄，种之不生。"然后指着东方朔说："他之前偷吃仙桃三次！"此后，便有东方朔偷桃之说，东方朔也因此被尊奉为"寿翁"。后世常用"东方朔偷桃图"来祝贺寿星寿与天齐。

　　本件帽花桃枝形态参劲有力，线条瘦硬挺拔，皮壳风化自然缜密，为典型的明代作品。

# 清代梅枝蜜蜡帽花

长度/54mm 宽度/40mm 厚度/8mm 重量/14g

　　梅花一向是文人墨客、妙工巧匠的重要题材，通常在冬春交替时节绽放，与兰、竹、菊同列为"四君子"，也与松、竹并称为"岁寒三友"。梅花苍劲古朴、坚忍不拔、神姿绰约、暗香疏影，常用来譬喻人品高洁、品格清奇。

　　除了观赏价值外，梅实也具有食疗效果。梅是蔷薇科落叶果木，果实常被腌渍成话梅等多种蜜饯，有生津解渴、解热镇咳效用。《本草纲目》也记载："梅性平，味酸。乌梅性温味酸，平涩，下气，除热烦满，安心，止肢体痛，偏枯不仁，死肌，去青黑痣，蚀恶肉，利筋脉，止下痢好唾、口干。"

# 明代梅枝蜜蜡帽花

长度/48mm　宽度/40mm　厚度/8mm　重量/12g

　　自古爱梅雅士众多，宋代诗人范成大著有《梅谱》，曾自叙："梅，天下尤物，无问智贤愚不肖，莫敢有异议。学圃之士，必先种梅，且不厌多。"清代园艺学家陈淏子的《花镜》描述："梅者琼肌玉骨，物外佳人，群芳领袖。"

　　要论爱梅成痴的代表人物，则非北宋诗人林逋（967-1028年）莫属。林逋字君复，世称和靖先生，性情孤高自赏，恬淡好古，一生不婚不仕，隐居于西湖孤山，以植梅养鹤为乐。他在山上种了三百多株梅树、养了两只白鹤，在当时有"梅妻鹤子"的雅号，他的《山园小梅》一诗云："众芳摇落独暄妍，占尽风情向小园。疏影横斜水清浅，暗香浮动月黄昏。"将梅的特质描述得淋漓尽致。

# 明代芍药琥珀帽花

长度/50mm　宽度/37mm　厚度/16mm　重量/13g

早在夏商周时期，芍药已被当作观赏植物培育，花影遍布中国北方各地。自古以来，芍药便与牡丹并称为"花中之王"与"花中宰相"，历史上又有"扬州芍药，洛阳牡丹"之说，堪称花中双绝。

日本人也常用芍药来形容美女："立如芍药，坐若牡丹，行似百合。"唐代诗人王贞白曾做《芍药》一诗："芍药承春宠，何曾羡牡丹。麦秋能几日，谷雨只微寒。妒态风频起，娇妆露欲残。芙蓉浣纱伴，长恨隔波澜。"

本件琥珀帽花应为明代早期作品，风化纹路已渗入材质内部，表层有些许剥落，匠师以流畅的线条刻划出芍药婀娜多姿的形态，为兼具美感及历史性的难得收藏。

# 清代牡丹蜜蜡嵌件一对

长度/42mm　宽度/29mm　厚度/4mm　重量/7g

　　牡丹在分类学上为毛莨科芍药属的多年生落叶小灌木，与芍药的外形十分相似。中国人自汉代起就开始培育牡丹，到了唐代，由于牡丹落落大方的形态和缤纷艳丽的花色，被誉为"花中之王""国色天香"，广受世人喜爱。

　　清代李汝珍所著的神怪小说《镜花缘》中曾记载一段关于牡丹的传说：唐朝武则天于宫中设宴赏花，酒醉之余，下了一道诏书，要掌管百花的仙子们在寒冷的冬天让所有的花同时绽放，仙子们畏惧其威，遂令百花盛开，唯有牡丹仙子不服其命。武后一怒之下，将牡丹仙子贬至洛阳。自此之后，洛阳牡丹甲天下，洛阳便成了"花中之王"牡丹的故乡。

# 明代花开富贵蜜蜡嵌件

长度/42mm　宽度/33mm　厚度/6mm　重量/12g

　　宋代欧阳修的《洛阳牡丹记》记载："洛阳地脉花最宜，牡丹尤为天下奇。我昔所记数十种，于今十年半忘之。"便是在描述洛阳牡丹的多彩风姿。此件蜜蜡嵌件造型富丽典雅，牡丹花体饱满圆融，沉稳中贵气尽显，难能可贵。

　　牡丹原产于中国西部秦岭和大巴山一带的山区，属木本植物，品种繁多，颜色鲜艳且丰富，花香浓烈而馥郁，常给人雍容华贵、富丽端庄的印象。正因为形象鲜明，文人墨客常以牡丹为题，写下许多脍炙人口的佳作。

# 清代功成业就血珀帽花

长度/58mm 宽度/32mm 厚度/6mm 重量/9g

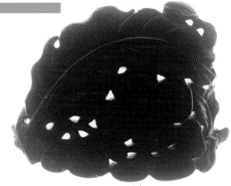

透光

　　中唐大诗人白居易有两首《惜牡丹花》诗，其一："惆怅阶前红牡丹，晚来唯有两枝残。明朝风起应吹尽，夜惜衰红把火看。"尽显诗人爱花惜花的心情。北宋周敦颐的《爱莲说》一文提到牡丹，则说："花之富贵者也。"元代词人李孝光也曾赞美牡丹："天上有香能盖世，国中无色可为邻。名花也自难培植，合费天工万斛春。"

　　此件作品为深色血珀，透光处鲜红夺目，雕功大气且线条流畅。芭蕉叶寓意为"大业"，与牡丹的组合为"功成业就"的吉祥图腾。

# 清代高官厚禄琥珀卧鹿圆雕

长度/64mm　宽度/46mm　高度/26mm　重量/24g

　　鹿的图腾含意，一般泛指"福禄寿"三星之中的"禄星"。禄星或称子星、跳加官，也是由一颗星辰演化而来。司马迁《史记·天官书》记载："斗魁戴匡六星曰文昌宫：一曰上将，二曰次将，三曰贵相，四曰司命，五曰司中，六曰司禄。"统称文昌宫的这六颗星就在北斗七星正前方，其中第六颗星就是主管官禄的禄星。

　　关于禄星的化身众说纷纭，一说是晋朝的张育，也就是人们熟知的文昌帝君。文昌帝君又称梓潼帝君，是保佑官运和考运的神祇。东晋宁康二年（374年），张育自称蜀王，起兵对抗前秦苻坚，不敌而亡，当地人认为张育是梓潼神亚子的转世化身，故称其"张亚子"。文昌帝君身旁还有两位书僮，一为"天聋"，一为"地哑"，代表"天机不可泄漏""文运人不能知"，并告诫后世文人学子为人要谦卑，不可妄言。

# 辽金高官厚禄琥珀卧鹿圆雕

长度/78mm　宽度/46mm　厚度/22mm　重量/28g

　　"卧鹿"原本是宋代的一种饼食，形状似卧鹿而得名。由于"鹿"与"禄"同音，卧鹿便取其形音，常被用来作为吉庆礼品。北宋孟元老的《东京梦华录·育子》有云："凡孕妇入月，用盘合装送馒头，谓之分痛。并作眠羊、卧鹿、羊生、果实，取其眠卧之义。"《宋史·礼志十八》也提到，诸王纳妃定礼中，有眠羊、卧鹿、花饼、银胜、小色金银钱等物。

　　本件琥珀圆雕作品保存完整，卧鹿形态朴拙大气，雕工利落自然，以头顶高冠作为"高官"的谐音，与卧鹿组合成高官厚禄的吉祥图腾，颇有古意。

# 辽金卧鹿琥珀圆雕

长度/55mm　宽度/25mm　高度/36mm　重量/18g

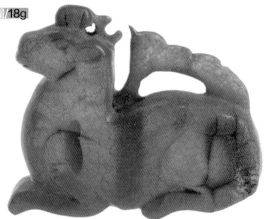

　　中国传统文化有"四灵兽"的组合，分别为麒麟、凤凰、神龟、龙，其中又以麒麟神兽为首，以厚德著称。事实上，古人眼中的麒麟就是从鹿的形态演化而来。"麒麟"这两个字均从"鹿"字旁，《说文解字》记载："凡鹿之属皆从鹿。"又释麒："麒，大牡鹿也。"大牡鹿即大公鹿。

　　鹿代表福禄双全，寓意延年益寿、健康吉祥、永葆青春，象征吉祥长寿之意。在道家传说中，鹿是天上瑶光星散开时所生成的瑞兽，这种长寿的仙兽出没于仙山之间，保护灵芝仙草，寿命一千年者为苍鹿，一千五百年者为白鹿，二千年则为玄鹿，向人间布福增寿。

　　本件琥珀圆雕卧鹿，工法简洁而严谨，形态自然不矫作，颇有大将之风，细细品味，方可明了何谓"大巧不工"。

# 明代双鹿纹琥珀握手

长度/72mm　宽度/40mm　高度/18mm　重量/36g

到了宋代，禄星换人做做看，成了助人得子的送子神张仙。在明朝初年的戏剧中，开始出现"禄星抱子下凡尘"的歌词。

张仙，据说是五代时期（907-960年）四川地区著名的道士张远霄，擅长使用弹弓降妖除魔。《历代神仙通鉴》记载，宋仁宗苦无子嗣，有一天梦到一位童颜鹤发的美男子跟他说："你之所以一直无子嗣，是因为天狗凶神缠身，只要你能多行仁义，我就替你驱赶凶神。"仁宗醒后，便命臣子照着梦中记忆画出张仙形像，悬挂于堂上每日祭拜，并照张仙的吩咐广施仁政，不久之后，果然如愿得子。

本件双鹿纹琥珀握手构图严谨工整，流畅的线条勾勒出鹿的优雅身形，表面皮壳完整自然，握感温润饱满。

# 明代麒麟琥珀圆雕

长度/54mm　宽度/22mm　高度/39mm　重量/24g

据《春秋》记载，鲁哀公十四年春天，哀公在西部狩猎时，曾捕获一头麒麟，孔子知道后十分哀伤，他流泪悲叹："吾道穷矣！"并预言周王室注定要衰亡。

古人认为，麒麟是为世人带来吉祥的瑞兽，若被射死或捕获即大凶之兆，代表王室将亡。孔子从此便中断了《春秋》的写作，其后的篇章由其弟子续写而成，后人因此称《春秋》为《麟经》，也称之为《麟史》。由此可见，自周朝开始，中国人对麒麟的信仰已是根深蒂固。

在民间，麒麟也被视为吉祥如意的象征，以前江南地区每逢春节时会抬着用竹骨及纸扎成的麒麟，配上锣鼓伴奏，沿着大街小巷欢欣鼓舞高歌，大肆庆贺，俗称"麒麟唱"。麒麟唱的歌词内容大都是祝贺新年，也可说唱故事、咏叹古人。

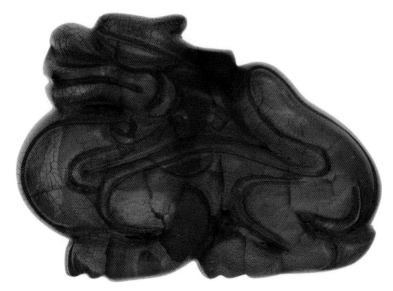

# 清代苍龙教子琥珀带钩

长度/72mm　宽度/18mm　厚度/13mm　重量/12g

　　"苍龙教子"是中国传统装饰图案之一，宋元以降，此种图案便常出现于各式器物中，明代更为普遍。"苍龙教子"是由一条大龙和一条小龙组合而成，大龙在上，小龙在下，看似大龙对小龙施以谆谆教诲，有望子成龙、教育后代早日成材之意，又名"教子升天"。

　　由于琥珀材质本身较为脆弱，用来制作带钩相当少见，也不合常理，因此本件作品应属赏玩之物而非实用器具。带钩上的双龙比例匀称，工法细致流畅，典雅而大气。

# 辽金鸟形琥珀圆雕

长度/36mm　宽度/18mm　厚度/18mm　重量/8g

中国五帝之一的少昊（公元前2598-公元前2525年）是黄帝之子，他建立了东夷部族，这是史前时代最先进的文明部族，中国最古老的文字、弓箭、礼制都是由东夷族所创立。东夷族崇拜百鸟，不但以鸟为族徽，连文武百官的体制都由鸟来命名，管辖范围内有玄鸟氏、青鸟氏等二十四个氏族，形成了一个以鸟为图腾的部落社会，因而又被称为"鸟夷"。

《汉书·地理志》颜师古注："此东北之夷，搏取鸟兽，食其肉而衣其皮也。一说居在海曲，被服容止皆象鸟也。"在东夷文化出土的文物中，几乎所有器具上都有鸟图腾，举凡铜器、玉器、陶器等实用品，工艺和美感都比同时期的其他部族来得精巧细致。

本件作品为辽金时期的鸟形琥珀圆雕，琥珀属于有机质，材质较脆弱，容易受到环境影响。本作品历经岁月洗礼，还能保有如此完整的外形，实属难能可贵。

# 明代福在眼前琥珀牌片

长度/70mm　宽度/50mm　厚度/9mm　重量/21g

蝴蝶自古受文人墨客的青睐，诗人因物起兴，以蝴蝶为题的诗作，除了描写蝴蝶优美的形态，更以蝶寄情，抒发胸怀感触。北宋文学家谢逸（1068-1113年）就著有300首蝴蝶诗，被称为"谢蝴蝶"，如《咏蝴蝶》一诗："狂随柳絮有时见，舞入梨花何处寻。江天春晚暖风细，相逐卖花人过桥。"及《玉楼春》："杜鹃飞破草间烟，蛱蝶惹残花底露。"

此外，南朝的梁简文帝萧纲（503-551年）也是爱蝶之人，他的《咏蛱蝶》一诗据信是现存最早的蝴蝶诗句："复此从凤蝶，双双花上飞。寄语相知者，同心终莫违。"简单的二十个字，将深厚的情意表露无遗。

除了优美的身姿之外，蝴蝶也有吉祥的寓意。"蝴"音近于"福"，古人常在元旦、立春时剪蝴蝶纸花，祈求新的一年能吉祥如意、福运送至。

# 清代福在眼前蜜蜡嵌银片

长度/74mm　宽度/28mm　厚度/6mm　重量/25g

　　唐代李商隐（813-858年）也是爱蝶诗人，曾有《蝶》诗四首，情深浓厚，意境迷人。其一："孤蝶小徘徊，翾翾粉翅开。并应伤皎洁，频近雪中来。"其二："叶叶复翻翻，斜桥对侧门。芦花惟有白，柳絮可能温。西子寻遗殿，昭君觅故村。年年芳物尽，来别败兰荪。"其三："初来小苑中，稍与琐闱通。远恐芳尘断，轻忧艳雪融。只知防灏露，不觉逆尖风。回首双飞燕，乘时入绮栊。"其四："飞来绣户阴，穿过画楼深。重傅秦台粉，轻涂汉殿金。相兼惟柳絮，所得是花心。可要凌孤客，邀为子夜吟？"

　　上述佳句都是诗人借蝴蝶舒怀，寄情达意，由于平日观察入微，才能譬喻贴切，足见蝴蝶与中国文化的密切关系。

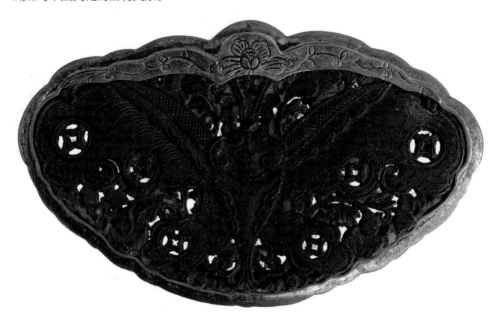

# 明代蝴蝶纹蜜蜡牌片（物件1）

长度/56mm　宽度/44mm　厚度/4mm　重量/19g

　　唐代诗人李商隐最具代表性的诗，非悲凉感伤的《锦瑟》莫属："锦瑟无端五十弦，一弦一柱思华年。庄生晓梦迷蝴蝶，望帝春心托杜鹃。"其中"庄周梦蝶"的典故，出自于庄子的《齐物论》。

　　"昔者庄周梦为蝴蝶，栩栩然蝴蝶也。自喻适志与！不知周也。俄然觉，则蘧蘧然周也。不知周之梦为蝴蝶与？蝴蝶之梦为周与？周与蝴蝶则必有分矣。此之谓物化。"庄子在梦见自己变成蝴蝶后，问了这样一个问题：是庄周做梦变成蝴蝶呢？还是蝴蝶做梦变成庄周呢？

　　庄子为道家代表人物，庄周梦蝶的概念深深地影响了后世的哲学家，在理性和感官之间，探讨虚幻和真实的区别。

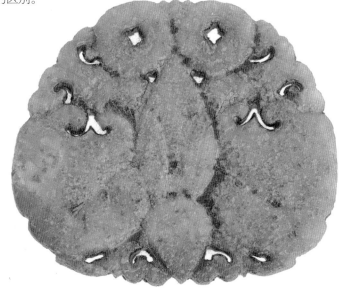

# 明代蝴蝶纹蜜蜡牌片（物件2）

长度/52mm　宽度/20mm　厚度/5mm　重量/11g

有关蝴蝶的爱情故事，最为人熟知的，应属晋代的梁山伯与祝英台。梁祝故事最早的文字记录见于唐代，据唐代梁载言的《十道四蕃志》记载："义妇祝英台与梁山伯同冢，即其事也。"明代黄润玉的《宁波府简要志》中，对两人的故事有了较详尽的描述："梁山伯、祝英台二人少同学，比及三年，山伯不知英台为女子。后山伯为鄞令，卒，葬此，英台道过墓下，泣拜，墓裂而殒，遂同葬焉。东晋丞相谢安奏封为义妇冢。"

至于现今最脍炙人口、凄美感人的梁祝化蝶，故事架构则是出自清代邵金彪的《祝英台小传》："英台乃造梁墓前，失声恸哭，地忽开裂，堕入茔中，绣裙绮襦，化蝶飞去。"多了梁祝化蝶的结局。

116

# 明代蝴蝶纹蜜蜡牌片（物件3）

长度/50mm　宽度/26mm　厚度/4mm　重量/15g

　　长久以来，蝴蝶一直是中国人偏爱的昆虫图腾。蝴蝶不但是美丽和优雅的化身，更有着"羽化"和"重生"的精神含意。中国人的情感一向内敛深厚，而蝴蝶破蛹而出，在空中翩翩飞舞的形象，正可让保守内敛的中国人，在情感上得到适当的抒发。在读音上，"蝴蝶"与"福迭"谐音，寓意福气绵绵不绝，十分吉祥。

# 明代福在眼前蜜蜡牌片

长度/26mm　宽度/18mm　厚度/4mm　重量/6g

　　云南点苍山下，距大理古城约二十公里处，有一座名为蝴蝶泉的方形泉潭，每年农历四月十五日有成千上万的蝶群汇聚，在泉边漫天飞舞，五彩缤纷，蔚为奇观。附近的白族人会在泉边赏蝶野餐，年轻人也趁此机会寻觅伴侣，称之为"蝴蝶会"。

　　白族自古流传一则有关蝴蝶泉的故事：传说在古代，有一条凶残的巨蟒精，每年都要从白族的村寨中活捉两名年轻女子作为祭品。有位勇敢的白族猎人奋勇深入洞中杀死巨蟒，救出两名女子，女子欲以身相许回报，耿直的猎人不愿趁人之危而拒绝。性格刚烈的两女子竟跳入泉中以死相许，猎人追悔莫及，也纵身跃入，后来三人都化成彩蝶，飞舞在泉水边，后人便将此地命名为"蝴蝶泉"。

# 清代福在眼前蜜蜡嵌件

长度/38mm　宽度/26mm　厚度/5mm　重量/8g

　　蝙蝠昼伏夜出，在生物学尚未发达的古代，认为其习性相当神秘，赋予诸多神秘色彩。古人认为蝙蝠是长寿的动物，将蝙蝠风干后研磨成粉末服食，可延年益寿、长生不老。例如，东晋时期道家仙翁葛洪所著的《抱朴子》提到："千岁蝙蝠，色如白雪，集则倒悬，脑重故也。此物得而阴干，末服之，令人寿四万岁。"《太平御览》也记载："交州丹水亭下有石穴，甚深，未尝测其远近，穴中蝙蝠大者如鸟，多倒悬，得而服之使人神仙。"

　　基于此种深刻的印象，蝙蝠一向是吉祥图腾中常见的动物，常与寿字组合为"福寿双全"，或是与钱币纹组合成"福在眼前"。

　　本件蜜蜡嵌件将两个铜钱纹组合为盘缠结的样式，更有福在眼前、绵延不绝的吉祥寓意。

# 辽金双蚕琥珀挂件

长度/36mm　宽度/22mm　高度/28mm　重量/9g

　　螺祖是中国历史上首位养蚕者，被尊称为"先蚕"（蚕神），相传为黄帝轩辕氏的元配。北宋刘恕的《通鉴外纪》记载："西陵氏之女嫘祖为帝之妃，始教民育蚕，治丝茧以供衣服。"

　　蚕蛹器物最早见于殷商时期，中国人对蚕神的信仰十分虔诚，在男耕女织的固有文化里，祭祀蚕神的仪式从商周至明清都被列为国家重要祭典。旧时，蚕业生产的每个步骤，如孵蚕蚁、蚕眠、出火、上山、缫丝，都要恭敬地祭祀一番；后来祭仪趋于简化，到了近代，江南蚕桑地区每年都会举行两次祭祀活动，即祭蚕神和谢蚕神。

　　祭蚕神于清明节前后或蚕蚁孵出之日举行，将蚕蚁供在神位前，点上没有气味的香，供三牲叩拜；谢蚕神则在做丝或采茧完后举行，将新茧或新丝摆在神位前，供三牲叩拜。此外，还有蚕神庙会、供奉马头娘（蚕花娘娘），祈祷蚕桑丰收，演戏谢神。

　　本件琥珀作品以蚕蛹为形，有一中穿孔，为罕见的琥珀题材。

# 19世纪仿商周琥珀方鼎

长度/100mm　宽度/90mm　高度/120mm　重量/826g

　　由于夏禹治水有功，舜帝便将王位禅让于他。禹把天下分为九州，并将九州部落首领进奉的青铜铸造成九个大鼎，鼎上分别刻上各族图像和地理状况、贡赋定数及代表风景。据《史记·楚世家》记载，九鼎是由三件圆鼎和六件方鼎组成，为国家权力的象征物。

　　西周时，周成王平定商朝遗民的叛乱后，把前朝遗民迁到郏鄏（东都洛邑），并举行定鼎典礼，史称"定鼎郏鄏"。春秋时期，楚国势力崛起，楚庄王意欲篡夺大位，当着周王的面询问其随从："周天子的九鼎有多大多重？"此后，"问鼎"一词便用来比喻人有逐鹿天下的企图与野心。

　　自秦国灭了周朝之后，九鼎至此失去下落，据《史记·封禅书》记载："宋太丘社亡，而鼎没于泗水彭城下。"秦始皇和汉文帝都曾在泗水一带打捞，但都徒劳无功，女帝武则天和宋徽宗也曾重铸九鼎。目前北京中国国家博物馆的九鼎是重新铸造的，作为馆内的永久展藏。

　　此件琥珀鼎做工细致，仿商周青铜器雕制而成，十分罕见。

上盖

# 清代如意童子血珀圆雕

长度/34mm　宽度/18mm　高度/60mm　重量/22g

透光

　　"如意"是自印度传入的佛具之一，译自梵语"阿那律"（Aniruddha），是一种顶端呈心形的手柄。在佛教的艺术品中，常有手持玉如意的菩萨像；而法师讲经时，也会将经文刻录于如意上，以免有所遗漏。

　　有关如意的文献记录，最早出现于晚唐段成式所撰的《酉阳杂俎》卷十一："孙权时掘地得铜匣，长二尺七寸，以琉璃为盖。又一白玉如意，所执处皆刻龙虎及蝉形，莫能识其由。"其中又引《胡综别传》说此白玉如意是秦始皇所埋，因为金陵具有王气。此后，如意的造型和功能逐渐演变为搔背的工具爪杖，和臣子上朝时用于记事的朝笏。

　　如意寓意吉祥，造型讨喜，在实用功能淡去后，成了摆设用的珍玩和赠礼用的饰物；而手持如意的童子或仕女，在各类工艺品中也相当常见。本件血珀如意童子，造型活泼可爱，圆润讨喜。

# 菊花纹琥珀圆雕

长度/68mm　宽度/54mm　厚度/26mm　重量/30g

中国人栽种菊花的历史悠久，赏菊食菊的习惯早已蔚为风气，爱国诗人屈原曾言："朝饮木兰之坠露，夕餐秋菊之落英。"在《神农本草经》中，也将菊花列为上品食材，说"久服利血气、轻身、耐老、延年"。

在古代历法上，菊也是时令代称，称九月为"菊月"；而从汉代开始，每逢九九重阳，必定会饮用菊花酒。由于花色缤纷，形质兼美，在深秋时节傲霜挺立，凌寒不凋，因此菊花与梅兰竹并列为花中四君子，深受文人墨客喜爱。盛唐诗人杜甫《云安九日》诗句："寒花开已尽，菊蕊独盈枝。"及北宋韩琦的《九日小阁》："莫嫌老圃秋容淡，且看黄花晚节香。"都是以暗喻笔法来赞美菊花的坚贞高洁。晋代诗人陶渊明更是爱菊成痴，"采菊东篱下，悠然见南山"的悠然洒脱，不计名利的恬然自得，成为流芳千古的佳话。

琥珀类的圆雕作品甚为稀有，以菊花为题材者更是罕见，此件琥珀圆雕作品属把玩件，握感十足，品相绝佳。

# 清代琥珀卧犬圆雕

长度/65mm　宽度/28mm　厚度/20mm　重量/46g

　　中国人对于狗这种动物，有两种截然不同的印象。有时视之为带来吉祥的动物，若家里突然跑来一只狗，主人会很高兴收养，因为这代表财富即将上门，也就是所谓的"狗来富"。另一种是负面印象，比如最早出现于《山海经》中的天狗，就被认为是灾祸兵乱的前兆，天狗食日、天狗食月，狗儿竟成了日食、月食的莫名元凶。除了预兆吉凶外，在民智未开的古代，狗也是各种礼仪供祭的祭品。根据《荀子·礼论篇》所述，狗属于至阳之畜，在东方烹狗，可以使阳气勃发，从而蓄养万物。

　　此件作品为琥珀类少见的圆雕作品，卧犬取其"握权"谐音，于掌中盘玩，有大权在握的寓意。

# 民初素面琥珀翎管

长度/78mm　宽度/18mm　重量/18g

　　清代官员的阶级品位，可从头顶上的花翎来辨识，就如同汉代天子近臣们冠上的珥貂（冠上所插的貂尾饰）。翎管是花翎的前端部分，是清朝官帽顶珠下用来插翎枝的管子，多为圆柱形，柱顶有鼻，管内掏空，中空部分大如烟嘴。材质有翡翠、白玉、碧玺、琥珀、青金石、水晶、琉璃、瓷、铜等。

　　按大清律例，翠玉翎管是文官位阶至一品的镇国公、辅国公专用；白玉翎管是武官位阶至一品的镇国将军、辅国将军专用；五品以上的官员皆冠戴孔雀花翎，而六品以下的，只能戴鹖羽蓝翎，俗称野鸡翎子。康熙年间，福建省提督施琅收复台湾有功，康熙皇帝欲赐封施琅为靖海侯，世袭罔替，但施琅上疏辞侯，只恳求皇帝赏赐一花翎。由此可见，赏赐花翎的荣耀远超过加爵封侯。

　　此件琥珀翎管皮壳较新，应为民初制品，无实用功能，仅供文人雅士赏玩之用。

# 明代双龙戏珠蜜蜡木鱼挂件

长度/38mm　宽度/36mm　厚度/26mm　重量/20g

双龙戏珠是民间常见的一种吉祥装饰图纹，多用于建筑彩画和刺绣雕刻等工艺精品上。关于双龙戏珠的典故如下：相传天池山有一座深潭，潭中居住着两条青龙，它们性情温和，除了在此修炼道行，对附近百姓的生活也相当照顾，常常呼风唤雨，使农畜兴旺，让百姓们都能衣食无缺。

某天，一群仙女在天池中沐浴更衣，忽有一头浑身长毛的千年熊精现身骚扰，意欲调戏，两条青龙听到仙女的呼救声，化身为天将持械披甲前来救援，将熊怪打得落荒而逃。众仙女感念其恩，将此事上奏王母娘娘，娘娘欣喜，从怀中取出一颗金珠赠予两条青龙，欲助它们能早日得道成仙。二龙心性善良又感情深厚，皆不欲独吞金珠，一颗金珠就在二龙间互相推让，天池潭内一时金光闪动不已。玉皇大帝知情后深受感动，便派太白金星赐予另一颗金珠，二龙各吞服一颗金珠后终于得道，位列仙班。

本件作品为难得的蜜蜡木鱼珍品，双龙戏珠纹饰深浅有度，活灵活现，比例恰到好处，有着"喜庆丰收、祈求吉祥"的美好寓意。

# 明代喜上眉梢蜜蜡嵌件

长度/45mm　宽度/28mm　厚度/5mm　重量/12g

　　喜鹊是中国传统文化中最受喜爱的鸟类图腾，又名干鹊或飞驳鸟，《周易》统卦云："鹊者，阳鸟，先物而动，先事而应。"认为鹊鸟能感应自然变化，并预知吉兆。喜鹊身形轻盈灵巧，声音明快清亮，相当讨喜，如同春联中常写："红梅吐蕊迎新春，喜鹊登枝唱丰年。"

　　《本草纲目》记载："鹊，鸟属也。大如鸦而长尾，尖嘴黑爪，绿背白腹。上下飞鸣，以音感而孕，以视而抱。季冬始巢，开户背太岁，向太乙，知来岁多风，巢必卑下。其鸣腊唶唶，故谓之鹊；鹊色驳杂，故谓之驳；灵能报喜，故谓之喜；性最恶湿，故谓之干鹊。"南朝医学家陶弘景的《本草经集注》中谓之为飞驳鸟，可作药引。

# 清代喜上眉梢蜜蜡帽花

长度/58mm  宽度/40mm  厚度/12mm  重量/18g

春秋时期晋国大夫师旷所著的《禽经》记载："灵鹊兆喜，鹊噪则喜生。"战国时代的神医扁鹊，其名便是由此典故而来，可见喜鹊象征吉祥安康的形象，早已在中国文化中根深蒂固。

无论是文学创作或工艺作品，喜鹊都是相当常见的题材。传说中，喜鹊是居住在天上的仙鸟，每年农历七月七日牛郎织女相会，就是由喜鹊在天河上搭桥。某年牛郎和织女相会时，两人闲聊谈到玉帝派了金牛星下凡，在人间播撒了草种，使大地一片绿茵，十分美丽。织女说道："若能有鲜花点缀，那就更美了。"喜鹊听了就回报给王母娘娘，王母娘娘一听甚喜，便吩咐掌管百花的仙子，带着天宫中的群花种子下凡播种，只留下王母娘娘最爱的梅花，不舍得让其下凡。自从百花仙子下凡后，人间四时节令几乎都可见到繁花盛开的美丽景象。

# 清代喜鹊弄梅蜜蜡嵌件

长度/58mm 宽度/42mm 厚度/8mm 重量/14g

奉王母娘娘之命下凡的百花仙子中，唯独缺了梅花仙子，因此在寒冷的冬天时节，触目所及不见一点花颜，显得格外冷清寥落。喜鹊见状，就从王母娘娘的后花园偷了一株梅花树苗送到人间，这株梅苗就落在一户人家的花园里。

说巧不巧，这户人家的女儿正要出嫁，新嫁娘见到窗外梅花盛开，枝头上还有一只鸣声嘹亮的喜鹊蹦来跳去，便顺手拿了把剪刀，用红纸将此景剪成了窗花，并带到了开染坊的男方家中。新郎见此图案十分别致，便将窗花描绘在木板上做成印花版，印制出形形色色的印花布料，喜鹊加上梅花的造型广受好评。从此，"喜上眉梢"便成为祝贺新婚的传统图腾。

# 清代喜中三元蜜蜡嵌件

长度/56mm  宽度/38mm  厚度/8mm  重量/15g

　　除了"喜上眉梢"外，喜鹊配上三朵梅花或三颗桂圆，也可组合成"喜中三元"的吉祥纹饰。所谓"三元"，是指古代科举制度的解元、会元和状元，即分别在乡试、会试、殿试三种考试的榜首。科举制度始于隋朝，一直延续至清末，在这一千三百多年间，能够连中三元的人并不多见，据后世考证，自古至今也只有十七人获此殊荣。明代著名戏曲《三元记》中，就是以此为蓝本，叙述读书人奋发向上，连中三元的故事。不过，传世的《三元记》有两种版本，其一的主角为宋代冯京，另一版本的主角则是明代商辂，各有各的精彩之处。

# 明代龙纹蜜蜡带板（物件1）

长度/52mm　宽度/38mm　厚度/10mm　重量/20g

《说文解字》释龙："鳞虫之长，能幽能明，能细能巨，能短能长，春分而登天，秋分而潜渊。"五千年来，龙一直是中华民族最崇高的神圣代表，也是纹饰中最为吉祥的图腾。远古的神话记载，女娲创造了人类，伏羲是文明的始祖。这两位大神的外形都是人首龙身，也正因如此，中国人一向自诩为龙的传人；而以龙为主题所创造出的各种图腾纹饰，在中国传统文化中一向有着举足轻重的地位。

笔者收藏的十余件龙纹蜜蜡带板，其中以此件作品的龙纹最具代表性，严谨细致的雕工，刻画出典型明代龙纹的灵巧神态，跃然欲出，是蜜蜡带板中难能可贵的一件作品。

# 明代龙纹蜜蜡带板（物件2）

长度/48mm　宽度/32mm　厚度/12mm　重量/18g

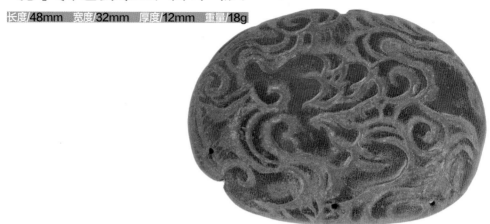

　　龙真的曾经存在吗？目前是否仍存在？至今仍是众说纷纭。中国历法从夏朝创立天干地支系统后，到了秦汉之际，就和鼠、牛、虎、兔、龙等十二种动物相对应。其中最特别的，便是龙这个生肖。它是十二生肖中唯一不存于世的动物，但关于龙的记载却常见于各朝正史或地方县志中。

　　《晋书》记载："晋永和元年（345年）夏四月，一黑龙一白龙见于龙山……"东晋《华阳国志》也曾提到世间有龙出现，还逗留了九天："建安二十四年（219年），黄龙见武阳赤水九日。"而这些文献记录究竟是真有此事，抑或是封建时代为了巩固皇权而杜撰出的奇闻逸事，至今无从考证。

　　本件作品表面刻纹处呈现绿色痕迹，此为蜜蜡入土后因遭受同时埋入的铜器影响，在经年累月的化学作用下而产生的氧化现象，这在蜜蜡文物中十分罕见。

# 明代双龙献寿蜜蜡带板（物件1）

长度/56mm　宽度/44mm　厚度/6mm　重量/20g

　　若要追本溯源，我们可以从"龙"这个字中发现许多独一无二的特性。根据《康熙字典》的分类，笔画甚多、看似由多部首所构成的"龙"字，竟自属一个部首，也就是"龙部"；而"龙"字属象形字，从甲骨文中的字形来看，龙的头上长着如皇冠的角，身体如蟒蛇般蜿蜒，尾部微翘，还张着大口，将龙的形态描绘得相当细腻。由此推断，可以假设当时的造字者应该曾经见过龙的本尊实体。

# 明代双龙献寿蜜蜡带板（物件2）

长度/60mm　宽度/44mm　厚度/12mm　重量/22g

受到阴阳五行学说盛行影响，汉代也流行"四灵"（青龙、白虎、朱雀、玄武）并绘，古人将麒麟、凤、龟、龙称为"四灵"，认为麒麟是兽类之首，凤是鸟类之王，龟是介类之长，而龙则是水中鳞类之尊，此四灵被视为祥瑞、和谐、长寿、高贵的象征。

以双龙献寿为题的蜜蜡带板不多，而能将双龙纹刻画得如此立体流畅者更是少之又少，恰到好处的线条转折和浮雕角度，让龙形更显栩栩如生，艺术性十足。

# 明代双龙献寿琥珀带板

长度/45mm　宽度/35mm　厚度/10mm　重量/17g

　　自伏羲、神农、黄帝、尧、舜、禹起，都以龙形作为中华民族的族徽。龙纹的形制，随着各个时期的文化背景发展，循序渐进地演变至今。龙纹的考据，最早可追溯至八千年前的抽象龙纹，一直到了汉代时期，在仙道思想的影响下，龙的形象益加丰富，跳脱出单纯的动物纹饰，形态变得更出神入化、变幻莫测。

　　从汉高祖刘邦开始，龙便成为皇族的专属象征，并禁止皇族以外的百姓以龙作为装饰。从皇宫的建筑到宫廷器物的装饰、服饰的绣纹，都常见到龙的纹饰，代表着皇权至高无上的地位。

# 辽金风格龙形琥珀握手（物件1）

长度/59mm　宽度/45mm　厚度/21mm　重量/24g

　　隋唐开始，龙纹的造型逐渐有了固定的结构，除了龙首、龙身、龙尾有一定样式外，龙角、龙须、龙爪、背鳍等也逐渐定型。此外，汉代龙身上的羽翼，到魏晋时期仍然存在，隋唐以降，龙的形态更趋于具体与写实，龙角似鹿角、龙爪似鹰爪、龙身似蛇身、龙鳞似鲤鳞，鳞片更为细密。直至宋代后，龙的造型才开始规格化，也就是现今常见的龙纹形制。

　　握手的形制源自于汉族，有大权在握的含意，象征持有者的财富与权力。在契丹的礼法中，更规定唯有贵族才能佩戴握手。在陈国公主墓中，公主与驸马的手中各有一握手，公主为双凤纹，驸马为螭龙纹，为辽金琥珀文物中颇具分量的代表作品。

# 辽金风格龙形琥珀握手（物件2）

长度/70mm　宽度/31mm　厚度/14mm　重量/27g

　　在工艺方面，五代南唐画家董羽是画龙高手，他首先提出龙形有"三停九似"的特点，他在《画龙辑议》一书提到："自首至顶，自项至腹，自腹至尾，三停也。九似者，头似牛、嘴似驴、眼似虾、角似鹿、耳似象、鳞似鱼、须似人、腹似蛇、足似凤，是名为九似也。"明代唐伯虎也将此论述收录在汇辑的《六如居士画谱》中。

　　及至北宋郭若虚在《图画见闻志》中，将"三停"改为"自首至膊，自膊至腰，自腰至尾"三个段落，而将"九似"的四个部位改成"头似驼，眼似鬼，腹似蜃，耳似牛"，去掉了须、足、嘴的特征，并新增了"项似蛇，掌似虎，爪似鹰"三个特点。

# 清代龙纹琥珀帽花

长度/58mm　宽度/40mm　厚度/14mm　重量/18g

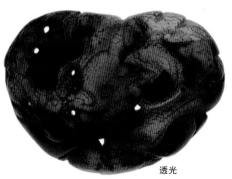

透光

　　事实上，两千多年前，东汉时期著名的思想家王符（85-163年），早就提出"龙形九似"的论述，据宋代罗愿的《尔雅翼》记载："龙者鳞虫之长。王符言其形有九似：头似驼、角似鹿、眼似兔、耳似牛、项似蛇、腹似蜃、鳞似鲤、爪似鹰、掌似虎，是也。其背有八十一鳞，具九九阳数。其声如戛铜盘。口旁有须髯，颔下有明珠，喉下有逆鳞。头上有博山，又名尺木，龙无尺木不能升天。呵气成云，既能变水，又能变火。"

　　至于文中提到的博山、尺木又是什么东西呢？应该是指位于龙角前方的两个明显凸起，这两个凸起物暗藏玄机，缺了它们，就无法飞龙在天了。

# 明代龙纹蜜蜡帽花

长度/56mm　宽度/32mm　厚度/12mm　重量/16g

　　目前中国最早与龙有关的出土文物记载，是发掘自河北省邯郸市西北十公里处的三陵乡姜窑村卧龙坡附近。自1988年至今，考古学家在卧龙坡附近已挖掘出一大九小等十条巨型石龙，以大龙为中心，左五右四，十条长度为三百多米的石龙，盘踞在卧龙坡上。

　　据专家推断，从石龙埋藏在13米厚的积土层中，年代应可上推至三万年前，而如此巨大的石龙阵却未曾记载于史籍中，确实令人费解。值得一提的是，发现石龙的地方，自古以来就被称为卧龙坡。至于为何会叫"卧龙坡"，现今也已无从考据了。

# 清代螭纹蜜蜡帽花（物件1）

**长度/50mm** **宽度/40mm** **厚度/10mm** **重量/17g**

不同的朝代，龙纹都各有特色，最简便的辨识方式便是从龙爪样式下手。元代以前的龙基本为三爪，有时前两足为三爪，后两足为四爪，实例可参见唐、宋、元时期的瓷器纹饰。到了明代，开始流行四爪龙，清代的龙则是五爪居多。由龙纹所衍生出来的纹饰种类繁多，如双龙戏珠、双龙献寿、龙凤呈祥等，而与龙纹十分相似的螭纹也相当常见。

螭是古代传说中的一种龙属动物，有说是龙子之一，也有一种说法是母龙。

玉器上出现螭龙的形象，最早是在战国时期。一般来说，螭纹大都是张口、卷尾、蟠屈形态，有些纹饰有角，有些则无。

# 清代螭纹蜜蜡帽花（物件2）

长度/42mm　宽度/32mm　厚度/8mm　重量/16g

中国自古就有"龙生九子，子子不同"的说法，九龙子性情各异，各有所好，螭龙就是龙生九子中的老二，亦称草龙。

所谓"龙生九子不成龙"，九子的外形与龙不同，包括喜欢负重的霸下（赑屃）、习性好张望的螭吻（鸱尾）、喜欢鸣叫的蒲牢、形体似虎的宪章（狴犴）、好饮食的饕餮、性好水的蚣蝮、性好杀的睚眦、形体似狮的狻猊、形体似螺蚌的椒图。

民间认为螭龙能大能小，极为善变，能驱邪避灾，寓意美好吉祥，也象征男女之间的情意绵绵。《说文解字》记载："螭，若龙而黄，北方谓之地蝼，从虫，离声，或云无角曰螭。"螭龙的形态，随着时代的变迁而略有不同。

# 清代螭纹蜜蜡帽花（物件3）

长度/44mm　宽度/30mm　厚度/10mm　重量/15g

　　战国时期的螭龙纹，眼部圆滚，鼻子较明显，眼尾处稍有细长线；耳朵像猫，形状偏方圆；腿部的线条弯曲，爪的部分向上微翘；身上的附带纹饰一般都是用阴线勾勒，其中有弯茄形滴水状的阴刻纹，是战国时代的首创。

　　到了汉代，螭龙纹的特色是眉毛向上竖并往内钩，若隐若现，柔中有刚。而元明时代常常仿制汉代的螭龙纹，但眉毛部分较深且粗，相对生硬许多，不如汉代螭龙纹的细致生动。至于清代，则首次出现唇上带龙须的螭龙纹，而除了龙爪螭纹外，也出现了兽足螭纹。

# 清代螭虎蜜蜡帽花

长度/50mm　宽度/38mm　厚度/12mm　重量/18g

　　螭虎又称"夔龙"，此种纹饰最早出现于战国时期，在战国晚期的玉器上，便常见螭虎纹饰。自汉以降，螭虎的图腾更广为使用于各种工艺品上。据《宋书·礼志》记载："汉高祖入关，得秦始皇蓝田玉玺螭虎钮，印文曰：'受天之命，皇帝寿昌'。高祖佩之，后代名曰传国玺。"

　　东汉永元元年（89年），班固于燕然山刻石记窦宪大破匈奴之功，撰写了《封燕然山铭》，文中有"鹰扬之校，螭虎之士"一句，由此可见，螭虎所代表的形象，是英明神武、力量与权势兼具的王者风范。

# 明代螭虎琥珀帽花

长度/44mm　宽度/30mm　厚度/10mm　重量/16g

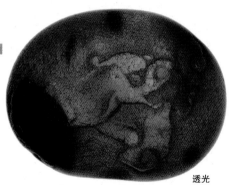

透光

晋代张华在《博物志》中提到："螭虎其形似龙，性好文彩，故立于碑文上。"在许多典籍或文学作品中，也常将螭虎用于比喻骁勇善战的军士。除东汉班固的《封燕然山铭》一文外，唐代诗圣杜甫的《壮游》一诗也以螭虎喻勇："翠华拥吴岳，貔虎啖豺狼。"

正因螭虎代表权势和王者风范，从汉代开始，螭虎的形象便常被雕刻在玉玺上。例如，东汉卫宏的《汉旧仪》记载："皇帝六玺，皆白玉螭虎钮。"蔡邕记载先秦两汉礼制的《独断》也提到："天子玺以玉螭虎钮。"

由于螭虎的身躯蜿蜒多变，匠师们常利用此特性，创造出许多美丽繁复的图腾。

# 后 记

# 收藏心得

父亲收藏的第一件琥珀文物，是一块"福在眼前"琥珀蝴蝶牌片（见下图），时间是1990年。当时在文物市场上有为数不少的蝴蝶玉器，而在专注于收藏蝴蝶玉器的同时，偶然发现到琥珀的蝴蝶牌片和玉器的蝴蝶牌片，无论在形制或纹饰上竟是完全相通的。尔后，父亲在收藏玉器和杂项时，总是会特别留意琥珀文物。由于当时琥珀文物的交易不像玉器那么热络，价格相对便宜，所以只要看中意的，且价格在合理范围内，父亲就会买下来收藏，题材也不再局限于琥珀蝴蝶或其他昆虫。

到了1995年，由于国内交易市场日趋热络，玉器价格逐渐攀升，比起玉器，琥珀文物的价格相对合理。父亲除了仍持续收藏玉件之外，对于手感温润、朴拙的琥珀文物更是爱不释手。2000年开始，中国经济突飞猛进，开始风行赏玉玩玉，无论是明清老件或和阗新

**清代福在眼前琥珀牌片**
长度：66mm
宽度：40mm
厚度：4mm
重量：18g

玉，一夕之间都水涨船高，品相好的玉器不但越来越少，价格也日益昂贵；相形之下，数量比玉器还要稀有的琥珀文物，反而成为最有潜力的收藏标的，于是父亲便将首要的收藏项目由玉器为主改为以琥珀为主。一些从事文物买卖、长年提供父亲玉件的朋友，也开始为他到中国各地搜寻琥珀。父亲有机会到世界各国旅行之际，也必定造访当地的古董文物店，寻觅流落海外的中国琥珀老件。十余年不断收藏下来，由各地汇集而来的琥珀文物，一一都收纳在锦盒之中，长年累月，锦盒的数量逐渐超越原本收藏的玉器和杂项，自成一格。

## 琥珀的学问博大精妙，一入其门深似海

2008年，笔者自海外归国，开始将父亲所收藏的琥珀老件稍做整理归纳，才发现中国琥珀文物的学问竟如此博大而精深。传世的琥珀文物形制琳琅满目，有佩挂用的圆雕把玩件、文房用品、扳指、帽花嵌件、带钩带扣、珠宝小盒、鼻烟壶等。光是帽花一种形制，就有瓜果纹、花叶纹、龙纹、凤纹、鹿纹、鹤纹等各种不同纹饰，种类相当丰富；而每一种纹饰所隐含的故事和历史背景，更是令人向往，让人为之着迷。

在整理和拍照的这段期间，也遇到了许多收藏的同好，互相交流砥砺之下，识别的眼光也逐渐提升，十分感谢这些好友的指导。在研究琥珀文物的过程中，参观博物馆、阅读相关书刊，甚至阅读考古的出土报告，都是必要的功课，尤其是在2010年于故宫展出的"黄金旺族：内蒙古博物院大辽文物展"，其中各式的辽金琥珀文物更是让人眼界大开。

近年来，由于中国大陆经济崛起，许多原本掌握在海外藏家手中的文玩物件逐渐回流到大陆，早期在中国台湾长期从事文物买卖的古董商们，也都将事业重心转往大陆发展。因此一般市面上，已难再找到价格合理的好对象，这对于想入门收藏的初学者而言是一大

考验。以现在的市场机制来看，收藏家必须要具备更超越以往的丰富知识及辨识能力，而培养辨识能力的方法，除了先前所提到的"三不"和"三多"之外，藏家本身也要秉持着健康的收藏心态，才不易受骗上当。

何谓健康的收藏心态？首先，千万不要抱持贪小便宜的"捡漏"心态，也就是想用低于市场行情的价格来买到"超值"的藏品。无论在拍卖会中或文物摊位上，在目前的古玩市场，几乎是不可能存在"捡漏"的机会。信息发达的现今社会，市场上只要出现品相良好的对象，很快就会在藏家之间口耳相传开来，如此一来，价格自然会水涨船高。

再者，初入门的收藏家千万要切记，遇到好的藏品，能上手就是福气，想入手则要靠缘分，千万不要强求。以笔者的经验来看，古玩文物的买卖，缘分非常重要，老东西会自己找主人，缘分到了，自然会往你手上跑；缘分尽了，你想留都留不住，十分玄妙。另外，还要小心虚构的文物背景故事，比如某某祖先从大陆逃难来台，身上就只带着这件宝贝，或是某某将军的后裔因家道中落，子孙不肖才将家中的宝贝贱卖等，都是相当常见的虚构故事，戒之慎之。

古玩是一门好学问，也是一项好兴趣，有时还是一种好生意。以下是笔者父亲的一些收藏经历，与大家一同分享，希望能有更多人勇于乐于接触古玩、欣赏古玩，有朝一日也能玩出兴趣与心得。

## 琥珀小印，记录一段藏家之间珍贵的深厚情谊

这些小巧玲珑的琥珀印章，是父亲的好友、寄畅园主人张允中先生的旧藏。在华人收藏圈中，"寄畅园"的堂号可谓如雷贯耳，无人不知无人不晓，主人张允中先生出身台中

琥珀小印

望族，自幼家境优渥，家中挂满名家字画，古董珍玩俯拾即是。在此环境耳濡目染下，张先生早在青少年时期就已练就一身鉴别古物的好功夫，二十六岁时，只身赴日从事电梯代理商，赚足第一桶金，在三十岁而立之年，即于东京西麻布六本木地区成立了"有驾堂"文物商店，从此便投身于古董文玩事业中。由于眼光精准、商誉良好，张先生的名气很快便在古董圈中传了开来，并被日本业界尊称为"六本木先生"，获得了相当丰硕的成就。返台后，张先生选择在环境优美的大溪鸿禧山庄建立了一座仿明代园林建筑的"寄畅园"，园内除了中国古董、文房清玩外，日本艺术、当代书画、欧洲玻璃名家的作品琳琅满目，其经营范围既广且深，收藏规模之大，令人叹为观止。

父亲与张先生为多年好友，印象中每逢周末，常会约三五好友和全家人到寄畅园做客，除了欣赏古董文玩外，当时园内还提供地道的客家料理，由张夫人的妹妹掌厨，滋味醇厚鲜美，充分满足了视觉与味蕾，如此丰盛的智识飨宴，至今仍难忘怀。依稀记得，某次在欣赏张先生的古董木箱收藏时，在其中一个檀木提箱中无意中发现了一批琥珀小印。

据中国的考古记录，琥珀制印的年代可推至汉代，而这批琥珀小印，按照刻工和表面皮壳来看，应该属于清代匠师所制，供当时的文人雅士把玩之用，实用性不高。这批小印年代虽然较浅，但是精致可爱，每颗都有不同的纹饰印钮，父亲一见便爱不释手，随即出口讨价，希望张先生能割爱。从此，这套四十多颗的琥珀印章便成了父亲入库的珍藏逸品，除了本身的文物价值外，也记录了一段藏家之间珍贵的深厚情谊。

## 带冠龙纹蜜蜡牌片，老东西会自己找主人

中国古代的琥珀蜜蜡文物多以帽花、嵌件居多，圆雕类次之，牌类作品可说少之又少，能收得此款龙纹蜜蜡组牌，也是一个相当难得的机缘。

刘先生是父亲十分熟识的古董商，从父亲开始收藏文物起，便常和刘先生的父执辈做生意，彼此间信任度极好，跑单帮的刘先生每个月都会到外地搜集各种文物，返台后第一时间便会先到父亲的办公室，向他展示又收到哪些精美对象，若有合意的，便现场谈价交易。某天，父亲下班后心血来潮，到刘先生的店里走走，想看看是否有未曾见过的遗漏珍品，在店内转了一圈，并无所获，正想告辞之际，目光瞥至刘先生的案头上，那里放了一块古意十足的圆形蜜蜡牌片。向刘先生询问下，才知道这块牌片原来属于一位老收藏家所有，老藏家也是刘先生的主顾之一，由于财务一时吃紧，又需现金急用，便将此块珍藏的蜜蜡牌片抵押给刘先生，倘若一个月内仍筹不出钱来还，此件牌片便归刘先生所有。

蜜蜡牌片原本就十分稀少，主题又是带冠龙纹，再加上按其表面的皮壳风化程度判

带冠龙纹蜜蜡牌片

断，应属明代之前的皇室用品。父亲看了自然相当喜爱，想向刘先生购买，但刘先生挥挥手说："不属于我的物品，我不能卖你，这样好了，等一个月的约定时间过后，若主人未带钱来取货，我便将此件牌片带到办公室给你，到时我们再来谈价钱。"一个月过后，主人并未出现，刘先生便依约将它卖给了父亲，此件珍宝才如愿入了父亲的库房。

收藏界流传着一句话："老东西会自己找主人。"买卖文物时不可强求，该是你的便是你的，或许在当初父亲上手此件蜜蜡牌片之际，它便已认定父亲是它的主人，只是在等待时机罢了。

## 辽金琥珀璎珞和螭龙握手，国宝级的珍贵文物

此串琥珀璎珞和螭龙握手，是父亲琥珀收藏中最为珍贵的国宝级文物。辽金时期的琥珀文物是琥珀藏家们心中的梦幻逸品，而成串成对的璎珞握手，一般只会出现在博物馆中展示，民间藏家很难有机会上手。

与父亲常往来的古董商中，有一对来自内蒙古的夫妇，由于地缘关系，他们偶尔能拿到一些年代不错的玉器或琥珀圆雕，但通常摆在店面橱柜内的都不是上等珍品，父亲每次到他们店里，都爱和两夫妻抬杠，说他们都把好东西藏起来，只留些残缺破烂的给客人。通常经过父亲这么一激之下，老板都会赌气地将藏在台面下的好货拿出来让父亲欣赏，父亲再趁机下手购买。

某次，父亲又逛到他们店里，看了一轮东西后，又开始感叹东西越来越难找，每次到他们店里都买不到好对象。老板听了，怒气冲冲地转身到店里头拿了一盒东西出来，只见他小心翼翼地把装在盒内包着卫生纸的物件一一摊开，一件一件慢慢拼凑起来，一看之

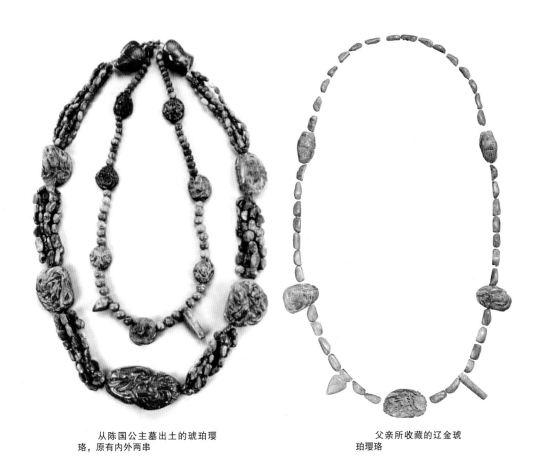

从陈国公主墓出土的琥珀璎珞，原有内外两串

父亲所收藏的辽金琥珀璎珞

下，父亲心里一阵惊讶，眼前竟是一整套辽金时期的琥珀璎珞，细细观察后，不但整串作品的品项完整无缺，刻工和皮壳也十分开门，虽然实际年代无法确定，但一看就是难得的老件。父亲压抑着内心的激动，不形于色地向老板开口问价。如此珍贵的国宝级珍品要价绝对不斐，几经讨价还价过后，虽然超过预算许多，但父亲仍是咬着牙将这套难得一见的琥珀璎珞买了下来。

多年以后，父亲每每想起此事都会说，幸好当初买了下来，不然今天一定会后悔。有时候，买古董的心情就如同买房地产一样，购买的当下一定会因价格而却步，但只要是好的对象，就要相信自己的眼光，买了以后一定不会后悔。

## 汉代琥珀小兽

这件琥珀小兽个头虽小，来历却不小，这是父亲近期内收到的珍品。

每逢周末，到建国玉市走走晃晃，已是父亲长年以来的习惯。玉市里几个熟识的老商家，从摊贩做到自有店面的不在少数，另外还有几位专跑单帮的古董商，做得不错的，近年来也都向中国大陆发展，此消彼长之下，在玉市内要找到好对象的机率越来越少了。由于汉代琥珀材料取得困难，再加上保存不易，虽然在经史典籍内曾出现相关记载，但传世

侧面

正面

传世的汉代琥珀制品甚为稀少，这件汉代琥珀小兽更显珍贵

的汉代琥珀制品甚为稀少。对父亲而言，这位商家在玉市内算是生面孔，据他所说，此件琥珀小兽是在河南郑州一带向乡下村民收购而来，这商家也算是识货的行家，知道这件作品的历史价值非凡，开价十分昂贵，父亲和他磨了好几周，才讲到一个双方都能接受的价格。

数月后，父亲到北京出差时，在古玩城的一个店铺内也曾看过类似的汉代琥珀圆雕小兽，其价格与父亲当时买的数目相同，单位却是以人民币来计算。后来，父亲又在玉市同个摊位上看到一件难得的琥珀司南佩，商家开出来的价格令人咋舌，几经考虑之下，隔周父亲想再回头出价时，却怎么也找不到那位商家的踪影了，或许是与它的缘分还没到吧！

# 名词释义

**山 子**

山子是中国雕刻艺术中的一种特殊形制，外形以整座山或整颗石头呈现，并随着材料的形状和颜色，巧妙地雕出山水或人物等立体景观。

**包 浆**

包浆是指古董器物的表面，经不同时代的藏家们长期把玩后，因手上的温度和汗渍层层堆栈，逐渐形成一层有如玻璃般的薄膜，呈现出自然温润的光泽和色彩。

**皮 壳**

在古董器物的表面上，经长时间风化作用而产生自然老化的橘皮纹路，称为皮壳。

**血 珀**

血珀是出土年代久远的透明琥珀，颜色呈红色或深红色，产量不多，除了中国抚顺煤层有产出外，波罗的海岸的波兰也是盛产血珀的地方。

**柯巴脂**

柯巴脂（Copal）是一种天然树脂，因埋藏于地层中的年代不足（通常低于300万年），且未经几千万年地层的压力及热将树脂转化，因此不能称为琥珀。柯巴脂中也常见包覆昆虫或花草等内容物；在外观上，柯巴脂较为通透，颜色多呈淡黄色，而琥珀的内含物较高，颜色则偏橘黄。

**掏膛**

掏膛是传统工艺中常见的技艺之一，在制作瓶、壶、杯、碗等器物时，工匠会使用管状的工具将材料的内部掏空，经管状工具琢磨过后，器物的膛内会留下一根柱体，最后再用小槌子将柱体敲断，完成掏膛的程序。

**捺钵（读音"那波"）**

"捺钵"是契丹语，女真语则称之为"刺钵"，汉语可译为"行营"、"营盘"或"行宫"。辽代契丹贵族大都精于骑射，喜好行围打猎，并会随着季节气候四时迁徙，进行"春水""夏凉""秋山""坐冬"等活动，就称为捺钵。

**开门**

古玩鉴赏的专用术语，也叫"开门见山"，意思是说器物的形制、工艺、文字及锈色和包浆（氧化层）都很自然，具备了所应有的特征，行家一眼就可辨识。通常评价一件古玩时说"开门货"，就是说此件古玩是一件一眼就能看明白的老件。

**煤珀**

或称烟煤精，是一种与煤矿共生的琥珀，这种煤珀内部包覆着不同形状、色彩的独特内含物质，相较于一般通透的琥珀更饶富趣味。中国产区主要在辽宁省抚顺市的西露天矿。

**摩氏硬度**

摩氏硬度是奥地利矿物学家弗雷德里克·摩氏（Frederich Mohs）在1812年所提出的矿物硬度分类表。他将十种常见的矿物按照彼此抗刻画能力的大小依序排列，从硬度最小的滑石到硬度最大的钻石共分成十级。

**铺　首**

门扉上的环形饰物，大都冶兽首衔环之状，用以镇凶辟邪。一般多以金属制作，做椒图、饕餮、狮、虎、螭龙、龟、蛇等形。

**瑿　珀**

瑿珀是琥珀中最为珍贵的一种，中国古代视之为黑色美玉。据《天工开物》记载："琥珀最贵者名曰瑿，红而微带黑，然昼见则黑，灯光下则红甚也。"

**优化琥珀**

天然琥珀经过加热或加压处理，以提高其硬度及透明度。此种优化琥珀在波罗的海一带相当常见，硬度和透明度都比原始的琥珀佳，常被用来制成串珠或手镯。其分辨方式相当简单，优化琥珀的内部常有显而易见的圆盘状或莲叶状加热裂纹，某些优化琥珀中央部分会产生云雾状的内含物，这是琥珀本身的琥珀酸，因加热加压的关系而往内部集中。

**压缩琥珀**

　　这是真琥珀中价值最低者，是由细小的琥珀碎块添加黏着剂后，经加热加压制成。常被用来制成仿冒的虫珀，或是添加荧光剂制成非天然的蓝珀、绿珀。

**虫　珀**

　　包覆昆虫的琥珀，属于琥珀矿中极为珍贵的品种。完整的虫珀相当稀有，依其包覆昆虫的品种不同，某些虫珀的价格甚至比黄金更高。

**盐水密度法**

　　判别琥珀真伪的一种简易方法。盐与水以1:4的比例调配（每100毫升的水添加14克的盐），天然琥珀可浮于盐水之上，而坊间常见的仿制琥珀则会沉入盐水中。

**图书在版编目(CIP)数据**

琥珀鉴赏／杨惇杰著.—北京：中国轻工业出版社，
2014.7
ISBN 978-7-5019-9719-0

Ⅰ．①琥… Ⅱ．①杨… Ⅲ．①琥珀—鉴赏—中
国 Ⅳ．①TS933.23

中国版本图书馆CIP数据核字（2014）第067597号

责任编辑：付　佳　王芙洁
策划编辑：龙志丹　　　　　责任终审：腾炎福　　装帧设计：印象·迪赛
责任监印：马金路

出版发行：中国轻工业出版社（北京东长安街6号，邮编：100740）
印　　刷：北京尚唐印刷包装有限公司
经　　销：各地新华书店
版　　次：2014年7月第1版第1次印刷
开　　本：720×1000　1/16　印张：10
字　　数：150千字
书　　号：ISBN 978-7-5019-9719-0　　定价：68.00元
著作权合同登记　图字：01-2013-7512
邮购电话：010-65241695　传真：65128352
发行电话：010-85119835　85119793　传真：85113293
网　　址：http://www.chlip.com.cn
Email：club@chlip.com.cn
如发现图书残缺请直接与我社邮购联系调换
130889S8X101 ZYW